기발한
천체
물리

바쁜 당신을 위한
날마다 천체 물리 그림 특강

기발한 천체 물리

닐 디그래스 타이슨
그레고리 몬

이강환 옮김

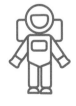

사이언스
SCIENCE
BOOKS
북스

이렇게 은하 아래에서 빛나고 있는
폭발하는 밝은 별은 천문학자들이 우주가
우리 예상보다 더 빠르게 팽창한다는
사실을 알아낼 수 있게 해 주었다.

들어가며:

개와 산책하며 보는 별

나는 아홉 살 때 천문학자가 되기로 결심했다. 나는 그날 밤을 기억한다. 하늘은 별로 가득 차 있었다. 큰곰자리와 작은곰자리. 목성과 토성. 유성 하나가 지평선으로 떨어지고 나는 하늘을 가로지르는 구름 같은 것의 움직임을 보았다. 하지만 그것은 구름이 아니었다. 내가 본 것은 1000억 개의 별이 모여 있는 우리 은하의 일부인 은하수였다. 거의 1시간 동안 나는 이 멋진 장면을 지켜보았다.

그러고는 불이 들어왔고 나는 내가 미국 자연사 박물관 천체 투영관에 있다는 사실을 깨달았다.

내가 본 것은 천체 투영관 공연이었다. 하지만 그렇다고 충격이 줄어들진 않았다. 그날 밤 나는 커서 뭐가 되고 싶은지 알게 되었다. 나는 천체 물리학자가 되기로 했다.

당시에 나는 천체 물리학이라는 단어를 제대로 읽지도 못했다. 하지만 사실 개념은 단순했다. 천체 물리학은 별과 행성과 여러 천체가 어떻게 작동하고 상호 작용하는지 연구하는 학문이다.

천문학자들은 주위에 있는 모든 빛과 물질을 집어삼키는 이상한 괴물인 블랙홀을 연구한다. 우리는 밤하늘을 관측해 죽어 가는 별이 밝게 폭발하는 초신성의 흔적을 찾는다.

우리는 호기심 많은 특이한 사람들이다. 천문학자에게 1년이란 우리 지구가 태양의 주위를 한 바퀴 도는 데 걸리는 시간이다. 천문학자의 생일 잔치에 간다면 이런 축하 곡을 들을 수도 있다.

태양 한 바퀴 축하합니다, 태양 한 바퀴 축하합니다…….

과학은 언제나 우리 마음속에 있다. 얼마 전 배우인 친구가 옛날이야기 『잘 자요, 달님(Goodnight Moon)』을 읽어 준 적이 있다. 여러분은 아마 과학자들은 동화책에서처럼 암소가 달을 뛰어넘기란 불가능하다고 이야기하리라 생각할 것이다. 하지만 과학자들은 거기서 끝내지 않고 그렇게 하려면 어떻게 해야 하는지를 궁리한다. 달이 3일 후에 어디 있는지 알아내서 시속 4만 킬로미터로 뛰어오르면 가능할 수도 있다.

아홉 살의 나는 천문학자에 대해서 아는 것이 별로 없었다. 나는 단지 천체 투영관 공연에서 본 것을 이해하고, 우주가 정말로 그렇게 환상적인지 궁금했을 뿐이었다. 먼저, 나는 친구와 함께 내가 사는 아파트 옥상으로 올라가 친구의 쌍안경으로 밤하늘을 살펴보기 시작했다. 그리고는 나의 망원경을 사기 위해서 개 산책 대행 사업을 시작했다. 큰 개, 작은 개, 사나운 개, 순한 개. 비옷을 입은 개. 모자를 쓰고 신발을 신은 개. 나는 별을 보기 위해서 이 개들을 전부 산책시켰다.

그 이후 나는 뉴욕의 옥상에서 남아메리카의 산 정상까지 다니며 점점 더 큰 망원경을 사용해 왔다. 그러는 동안 나의 관심사는 우주를 이해하고자 하는 열망과 나의 열정을 최대한 많은 사람과 나누는 것이 되었다.

여러분과도 마찬가지다.

이 책을 읽는 사람이 모두 천문학자가 되고 싶어 할 것이라고는 기대하지 않는다. 하지만 이 책이 여러분의 호기심을 자극하기를 바란다. 밤하늘을 올려다보며 생각해 보기를 바란다. 저 모든 게 다 뭘까? 이게 다 어떻게 구성되어 있을까? 우주에서 내가 있는 곳은 어디일까?

이제 책을 읽어 보자. 『기발한 천체 물리』는 과학자가 우주를 이해하는 데 도움을 주는 중요한 아이디어와 발견에 대한 기본적인 지식을 알려줄 것이다. 내가 성공했다면 여러분은 저녁 식사 시간에 부모님을 놀라게 하고, 선생님께 강한 인상을 심어 주고, 구름 없는 밤에 별을 올려다보며 이해와 감탄을 동시에 할 수 있을 것이다.

이제 시작해 보자. 가장 큰 두 가지 미스터리인 암흑 물질(dark matter)과 암흑 에너지(dark energy)부터 시작할 수도 있겠지만, 나는 역사상 가장 위대한 이야기부터 시작할까 한다.

생명에 대한 이야기다.

차례

들어가며: 개와 산책하며 보는 별 …5

1. 역사상 가장 위대한 이야기 …13

2. 외계 생명체와 대화하는 방법 …28

3. 빛이 있으라 …38

4. 은하들 사이 …50

5. 암흑 물질 …63

6. 암흑 에너지 …76

7. 내가 가장 좋아하는 원소들 …86

8. 세상은 왜 둥글까 …95

9. 보이지 않는 우주 …106

10. 우리 태양계 주변 …117

11. 외계인에게 지구는 어떻게 보일까 …125

12. 위를 보고 크게 생각하라 …135

용어 사전 …143

옮긴이 후기 …149

찾아보기 …151

그림 저작권 …158

지난 세기 동안 천문학자들은 이 나선 은하에서 8개의 폭발하는 별을 발견했다. 그래서 이 은하는 불꽃놀이 은하라고 불린다.

기발한
천체
물리

맑은 밤하늘은 별, 성간 티끌,
그리고 복잡한 은하수를 향한
우리의 눈과 마음을 열게 해 준다.

1.
역사상 가장
위대한 이야기

약 138억 년 전 태초에는 우주 전체가 이 문장의 끝에 있는 마침표보다 작았다.

얼마나 작았을까? 마침표를 피자라고 생각해 보자. 이 피자를 1조 개의 조각으로 나눈다. 모든 것, 여러분의 몸과 창밖으로 보이는 나무와 건물, 친구의 양말, 피튜니아 화분, 학교, 지구의 높은 산과 깊은 바다, 태양계, 멀리 있는 은하를 포함한 우주의 모든 공간과 에너지와 물질이 그 한 조각 안에 들어 있었다.

그리고 아주 뜨거웠다.

그렇게 작은 공간에 그렇게 많은 것이 들어 있고 너무나 뜨거웠기 때문에 우주가 할 수 있는 것은 한 가지뿐이었다.

팽창.

빠르게.

지금은 이 사건을 빅뱅(big bang, 대폭발)이라고 부른다. 그리고 아주 짧은 시간 동안(수조의 수조의 수조의 수천만분의 1초 동안) 우주는 엄청나게 커졌다.

　　우주 탄생의 이 짧은 순간에 대해서 우리는 얼마나 알고 있을까? 안타깝게도 거의 알지 못한다. 우리는 4개의 기본 힘이 행성의 궤도부터 우리 몸을 이루고 있는 작은 입자까지 모든 것을 제어하고 있다는 사실을 알아냈다. 하지만 빅뱅 직후의 순간에는 이 모든 힘이 하나로 합쳐져 있었다.

　　우주는 팽창하면서 식었다.

　　독일의 과학자 막스 플랑크의 이름을 딴 플랑크 시기(Planck era)라는 아주 짧은 시간이 지난 후 하나의 힘이 다른 힘과 분리되었다. 이 힘은 중력으로, 별과 행성을 모아 은하를 만들고, 지구가 태양의 주위를 돌고, 열 살배기 아이가 덩크 슛을 할 수 없도록 방해하는 힘이다. 중력의 간단한 예를 보기 위해서는 이 책을 덮고 몇 센티미터 들어 올렸다가 놓아 보라. 그러면 중력이 작용한다. (만일 책이 떨어지지 않는다면 가장 가까이 있는 천문학자를 찾아서 우주의 비상 사태라고 선언하라.)

　　하지만 우주의 처음 순간에는 중력이 작용할 행성도, 책도, 열 살짜리 농구 선수도 없었다. 중력은 큰 물체에 잘 작용하는데 우주 초기에는 모든 것이 아직 너무나 작았다.

　　하지만 이제 시작일 뿐이었다.

　　우주는 계속 자라났다.

　　다음으로 자연의 나머지 세 힘이 서로 분리되었다. (자연의 네 힘은 중력, 강한 핵력, 약한 핵력, 전자기력이다. 이들에 대해서는 나중에 더 자세히 이야기할 것이다.) 이 힘들의 주요 역할은 우주를 채우고 있는 작은 입자나 물질의 조각을 제어하는 것이다.

　　네 힘이 모두 분리되면 우주를 구성할 준비가 된 것이다.

화성에서는 덩크 슛을 할 수 있을까?

쉬운 일은 아니지만 여러분이 화성에 실제로 갔고, 자유롭게 뛸 수 있는 우주복을 입고 있다고 가정해 보자. 어떤 행성이나 위성의 중력 크기는 질량과 관계가 있다. 화성은 지구보다 가볍기 때문에 중력은 지구의 3분의 1이 조금 넘는다. 그러므로 아주 높이 뛰어오를 수 있다. 하지만 언젠가 정말로 화성에 간다면 농구를 하는 데 시간을 낭비하지 않기를 바란다. 보고 즐길 재미있는 일이 훨씬 더 많을 것이다.

우주 탄생에서 1조분의 1초가 지났다.

우주는 아직 엄청나게 작고 뜨거웠고, 입자로 붐비기 시작했다. 이 시점에는 두 종류의 입자가 있었다. 쿼크(quark)와 렙톤(lepton)이다. 쿼크는 이상한 괴물이다. 우리는 절대 쿼크를 따로 분리할 수 없다. 쿼크는 언제나 가까이 있는 다른 쿼크와 붙어 있다. 여러분도 분명히 이와 비슷한 친구가 적어도 한 명은 있을 것이다. 쿼크는 어떤 것도, 심지어 화장실에 가는 것도 혼자 하지 않으려는 아이들과 비슷하다.

2개 이상의 쿼크를 묶어 주는 힘은 쿼크를 분리할수록 강해진다. 마치 보이지 않는 고무줄 같은 것에 묶여 있는 것과 같다. 쿼크를 어느 정도 분리하면 고무줄이 끊어지며 저장되어 있던 에너지가 양쪽 끝에 새로운 쿼크를 만들어 분리된 각 쿼크에게 새로운 친구가 생긴다. 서로 떨어지지 않는 아이들에게 같은 일이 일어나 아이들 수가 2배로 된다고 생각해 보자. 선생님은 정말 당황스러울 것이다.

반면 렙톤은 독신자다. 쿼크를 묶어 두는 힘은 렙톤에는 아무런 효과가 없기 때문에 렙톤은 서로 묶여 있지 않다. 가장 잘 알려진 렙톤은 전자다.

이 입자들에 더해서 우주는 에너지로 넘쳐 났고, 이 에너지는 광자라고 하는 파동, 혹은 에너지 덩어리에 들어 있었다.

여기에서 상황은 이상해진다.

우주가 너무나 뜨겁기 때문에 광자는 계속해서 입자-반입자 짝으로 바뀌었다. 그리고 이 입자와 반입자는 서로 충돌해 다시 광자로 바뀌었다. 하지만 알 수 없는 이유로 이러한 바뀜의 10억분의 1만큼 반입자 친구가 없는 입자가 만들어졌다. 이 외로운 입자 생존자들이 없었다면 우주에는 아무런 물질도 없었을 것이다. 이건 다행한 일이다. 우리는 모두 물질로 이루어졌기 때문이다.

우리는 존재하고 있고, 우주는 시간이 지나면서 계속 팽창하며 식어 간다는 사실을 알고 있다. 우주가 우리 태양계보다 커지면서 온도는 빠르게 내려

반물질

우리가 방금 만났던 쿼크와 렙톤을 포함한 우주의 모든 주요 입자는 모든 성질이 반대인 반물질 쌍둥이를 가지고 있다. 렙톤 가족에서 가장 인기 있는 전자를 살펴보자. 전자는 음의 전하를 가지고 있는데 전자의 반물질인 양전자(positron)는 양의 전하를 가지고 있다. 우리는 주변에서 반물질을 볼 수 없다. 만일 반물질이 만들어진다면 순식간에 쌍둥이 입자를 찾고 이 만남은 좋게 이어지지 않는다. 쌍둥이는 서로를 파괴해 에너지로 바뀐다. (3장에 있는 물리학자 조지 가모브의 톰킨스 씨 이야기를 보라.) 오늘날 과학자들은 원자를 충돌시키는 거대한 실험에서 반물질을 만들어 낸다. 우주 공간에서 일어나는 높은 에너지의 충돌에서 반물질을 관측하기도 한다. 하지만 반물질을 가장 쉽게 만날 수 있는 곳은 SF에서다. 반물질은 「스타 트렉(Star Trek)」에서 유명한 엔터프라이즈 호의 엔진 연료로 사용되고 여러 이야기에서 반복적으로 등장한다.

온도의 종류

어쩌면 이미 알고 있겠지만 계의 온도를 이야기하는 데에는 몇 가지 방법이 있다. 미국에서는 화씨를 사용한다. 유럽과 대부분의 나라에서는 섭씨가 표준 온도다. 천문학자들은 0도가 정말로 0도인 켈빈을 사용한다. 나는 여러 종류의 온도 단위에 반대하지 않는다. 일상 생활에서는 섭씨로 문제없다. 하지만 우주를 다룰 때는 언제나 켈빈을 사용한다.

갔다. 우주는 여전히 엄청나게 뜨거웠지만 온도는 10조 켈빈 아래로 떨어졌다.

우주 탄생에서 100만분의 1초가 지났다.

우주는 이 문장 끝의 마침표보다 훨씬 더 작은 크기에서 태양계 크기로 커졌다. 지름이 약 3000억 킬로미터다.

　1조 켈빈은 태양 표면보다 훨씬 뜨겁다. 하지만 빅뱅 직후의 순간에 비하면 차가운 것이다. 미지근한 우주는 더는 쿼크를 요리할 정도로 아주 뜨겁거나 붐비지 않기 때문에 쿼크는 모두 짝을 찾아서 더 무거운 입자를 만들었다.

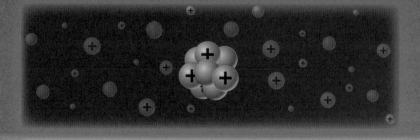

우주의 물질을 만드는 간단한 요리법

1. 쿼크와 렙톤을 준비한다.

2. 쿼크로 양성자와 중성자를 만든다.

3. 양성자, 중성자, 전자(음전하를 가진 렙톤이다.)로 당신의 첫 번째 원자를 만든다.

4. 원자들을 섞어서 분자를 만든다.

5. 여러 종류의 분자를 모으고 조합해 행성과 피튜니아와 사람들을 만든다.

이러한 쿼크의 결합은 양성자나 중성자와 같은 익숙한 형태의 물질로 나타났다.

이제 우주 탄생에서 1초가 지났다.

우주는 태양에서 가장 가까운 별까지의 거리와 비슷한 몇 광년 정도로 커졌다. 온도는 10억 도로 떨어졌다. 아직은 전자와 그 반물질인 양전자를 충분히 요리할 수 있을 정도로 뜨겁다. 두 종류의 입자는 갑자기 나타났다가 쌍소멸해 사라진다. 하지만 다른 입자들에게 일어난 일이 전자에도 일어났다. 10억분의 1이 살아남은 것이다.

네 가지 기본 힘

우리 우주를 지배하는 네 가지 기본 힘은 다음과 같다.

1. 여러분이 잘 아는 중력.
2. 강한 핵력은 원자의 중심에서 입자들을 붙잡고 있는 힘이다.
3. 약한 핵력은 원자를 붕괴시켜 에너지를 방출하게 하는 힘이다. 실제로 이 힘은 약하지 않다. 중력보다 훨씬 강하다. 하지만 강한 핵력만큼 강하지는 않다.
4. 전자기력은 음전하를 가진 전자를 원자의 중심에 있는 양전하를 가진 양성자에 묶어 놓는 힘이다. 전자기력은 원자들을 묶어 분자를 만드는 힘이기도 하다.

간단하게는 이렇게 정리할 수 있다. 중력은 큰 물체를 묶어 주고 나머지 세 힘은 작은 물체에 작용한다.

나머지는 모두 함께 사라졌다.

우주의 온도는 1억 도 아래로 떨어졌지만, 아직도 태양 표면 온도보다는 높다.

큰 입자들은 서로 결합하기 시작한다. 우리가 보는 세상을 — 별과 행성, 창밖으로 보이는 건물과 나무, 친구의 양말, 나의 콧수염 등 — 구성하는 원자의 원료가 드디어 모이기 시작한다. 양성자는 다른 양성자 그리고 중성자와 융합해 원자의 중심에 있는 원자핵을 만든다.

이제 우주 탄생에서 2분이 지났다.

일반적으로 우주에 돌아다니는 전자는 양성자와 원자핵에 끌려간다. 전자는 음전하를 가지고 있다. 양성자와 원자핵은 양전하를 가지고 있고, 반대 전하는 서로 끌어당긴다. 이들은 왜 양전하나 음전하를 가지고 있을까? 그리고 왜 반대 전하는 서로 끌어당길까?

원래 그렇다.

나도 더 나은 대답을 하고 싶다. 하지만 우주에게는 우리를 이해시킬 의무가 없다. 내가 할 수 있는 말은 아주 오랫동안의 과학적인 연구 결과가 이것을 뒷받침한다는 것이다.

서로를 끌어당긴다는 사실을 알았으므로 여러분은 양성자와 전자가 서로 달라붙었으리라고 생각할 것이다. 하지만 수만 년 동안 우주는 이들이 안정되기에는 너무 뜨거웠다. 전자는 자유 전자처럼 양성자와 이리저리 부딪히며 자유롭게 돌아다녔다.

이 상황은 우주의 온도가 3,000켈빈(태양 표면 온도의 약 절반이다.) 아래

전하란?

인간은 모두 다양한 특징과 성격을 가지고 있다. 상냥한 사람도 있고, 동정심이 많은 사람도 있고, 불친절한 사람도 있다. 우리는 이런 특징으로 구별된다. 전하는 물질이 가지는 기본적인 특징 중 하나다. 양성자와 같은 입자는 양전하를 가지고 어떤 입자는 음전하를 가진다. 중성자와 같은 입자는 전하를 가지지 않는다. 두 입자가 같은 전하를 가지고 있으면 서로를 밀어낸다. 양성자와 전자같이 반대의 전하를 가지고 있으면 서로를 끌어당긴다.

로 내려갔을 때 끝났다. 모든 자유 전자는 양전하를 가진 양성자와 결합했다. 이들이 결합하자 모든 광자는 이제 우주를 방해받지 않고 다닐 수 있게 되었다. 이 빛은 과학자들이 지금도 관측할 수 있다. 여기에 대해서는 3장에서 더 자세히 이야기할 것이다.

우주 탄생 이후 38만 년이 지났다.

우주는 절대 터지지 않는 풍선처럼 팽창을 계속했다. 우주는 팽창하면서 식었고 중력이 작용하기 시작했다. 처음 몇십만 년 동안은 입자들이 운동장에서 뛰어노는 유치원생들처럼 마구잡이로 돌아다녔다. 그런 다음에는 중력이 이 조각들을 끌어당겨 은하라고 부르는 우주의 도시를 만들었다.

우리 은하의 중심 근처를 망원경으로 찍은 사진. 수십만 개의 별을 볼 수 있다.

약 1000억 개의 은하가 만들어졌다.

각각의 은하는 수천억 개의 별을 가지고 있다.

별은 압력솥처럼 작은 입자들을 묶어서 점점 더 무거운 원소를 만든다. 가장 큰 별은 아주 높은 온도와 압력으로 철(Fe)과 같은 무거운 원소도 만들어 낸다.

이렇게 큰 별 안에 있는 원소가 만들어진 곳에 그대로 있으면 아무런 쓸모도 없다. 하지만 큰 별은 불안정하다. 큰 별은 폭발해 안에 있는 물질들을 우주 밖으로 쏟아 낸다.

우주가 탄생한 지 90억 년이 흐른 뒤에 우주의 평범한 곳에 있는 평범한 은하에서 평범한 별(태양) 하나가 태어났다.

어떻게 만들어졌을까? 중력이 여러 기본 입자들과 양성자와 중성자가 뭉쳐 있는 무거운 원소로 가득 찬 거대한 기체 구름을 서서히 끌어당겼다. 이들은 서로의 주위를 돌았고 중력은 이들을 점점 더 가까이 끌어당겨 충돌하며 뭉치게 했다.

태양이 만들어진 후에도 이 기체 구름에는 우주의 재료가 충분히 많이 남아 있었다. 이 구름은 몇 개의 행성과 소행성이라고 하는 수십만 개의 우주 바위와 수십억 개의 혜성을 만들 수 있는 충분한 재료를 제공해 주었다. 그러고도 잔해는 떠돌아 다니다가 다른 천체와 충돌을 했다.

충돌은 아주 강력해서 암석 행성의 표면을 녹였다. 태양계를 돌아다니는 물질의 양이 줄면서 충돌도 줄어들었고 행성의 표면이 식기 시작했다. 우리가 지구라고 부르는 행성은 태양 주위의 골디락스 지역(Goldilocks zone)에서 만들어졌다. 동화 속 금발 머리 소녀 골디락스는 너무 뜨겁거나 너무 차가운 죽을 좋아하지 않았다. 마찬가지로 지구는 태양으로부터 딱 적당한 거리에 만들어 졌다. 태양에 더 가까웠으면 바다가 증발해 버렸을 것이고, 더 멀었다면 얼어 버 렸을 것이다.

그랬다면 우리가 알고 있는 형태의 생명은 진화하지 못했을 것이다.

여러분도 여기에서 이 책을 읽고 있지 못할 뻔했다.

지표면으로부터 700킬로미터 높이에서 지구를 보면 우리가 왜 지구를 푸른 행성이라고 부르는지 알 수 있다.

이제 우주 탄생 이후 90억 년이 넘게 지났다.

우리의 젊고 뜨거운 행성을 이루고 있는 바위에 갇혀 있던 물은 하늘로 올라갔다. 지구가 식으면서 이 물은 비로 내렸고 서서히 바다가 만들어졌다.

이 바닷속에서 우리가 아직 찾아내지 못한 어떤 방법으로 단순한 분자가 모여 생명체를 만들어 냈다.

인간은 산소(O)를 사용하는 생명체다. 우리는 산소가 풍부한 공기가 필요하다. 이 초기 바다의 지배자는 산소가 필요 없는 작은 생명체인 단순한 혐기성 세균이었다. 고맙게도 이 혐기성 세균은 산소를 방출했고, 결과적으로 우리 인간이 번성할 수 있는 물질을 공기에 공급해 주었다. 산소가 풍부한 새로운 대기는 점점 더 복잡한 형태의 생명체가 나타날 수 있도록 해 주었다.

하지만 생명체는 연약하다. 때때로 거대한 혜성과 소행성이 우리 행성에 충돌해 엄청난 혼란을 일으켰다.

6500만 년 전 어느 날 10조 톤 질량의 소행성이 지금의 멕시코 유카탄 반도에 떨어졌다. 이 우주 암석은 지구 표면에 너비 180킬로미터, 깊이 20킬로미터의 구멍을 만들었다. 그 충격으로 먼지와 잔해가 대기로 솟아올라 거대한 공룡을 포함해 지구 생명의 대부분을 사라지게 했다.

멸종. 특정한 생명체의 완전한 종말이다.

이 재앙은 우리의 포유류 조상들이 티라노사우루스의 간식으로 남지 않고 번성할 수 있도록 해 주었다. 영장류라고 불리는 큰 뇌를 가진 포유류의 한 종이 과학적인 방법과 도구를 발명하고 우주의 탄생과 진화를 알아낼 수 있을 정도로 똑똑한 종(호모 사피엔스)으로 진화했다.

그게 바로 우리다.

우주의 탄생 전에는 무슨 일이 있었을까?

천문학자들은 모른다. 모른다기보다는 이 질문에 가장 창의적인 대답도 실험에 기반을 둔 과학적인 근거가 거의 혹은 전혀 없다. 다시 말해서 우리는 그것을 증명할 수 없다. 어떤 사람은 어떤 존재가 이 모든 것이 시작되게 만들었다고 주장한다. 다른 모든 힘보다 위대하고 모든 것을 만들어 낸 기원. 이런 사람들의 마음에서는 이 존재는 당연히 신이다.

하지만 우주가 언제나 존재하던 것이라면, 예를 들어 우리가 아직 알아내지 못한, 계속 새로운 우주를 만들어 내는 다중 우주(multiverse)라면 어떨까?

혹은 우주가 그냥 아무것도 없는 것에서 나타났다면?

혹은 우리가 알고 사랑하는 모든 것이 그저 압도적으로 똑똑한 외계 생명체가 만들어 낸 컴퓨터 게임이라면?

보통 이런 질문은 누구도 만족시키지 못한다. 하지만 이런 질문은 모른다는 것이 연구하는 과학자의 기본적인 마음가짐이라는 사실을 일깨워 준다. 똑똑한 어린아이들은 "모른다."라고 말하는 것을 좋아하지 않는다. 하지만 과학자들은 언제나 우리가 모른다는 사실을 받아들여야 한다. 자신이 모든 것을 안다고 믿는 사람은 우주에 대해 아는 것과 모르는 것 사이의 경계를 찾아내지도 발견하지도 못한다.

내가 이 책에서 여러분을 안내하고 싶은 곳이 바로 아는 것과 모르는 것 사이의 경계다.

우리가 분명하게 알고 있는 것은 우주는 시작이 있다는 것이다.

우리는 우주가 계속해서 변화하고 진화한다는 것을 알고 있다.

그리고 우리는 우리 몸을 이루는 모든 원자가 빅뱅과 50억 년도 더 전에 큰 별 안에 있는 오븐에서 나와 은하들을 가로질러 왔다는 것을 알고 있다.

우리는 별 먼지로 만들어진 생명체다.

우주는 우리에게 우주를 이해할 수 있는 능력을 주었다. 그리고 그것은 이제 시작일 뿐이다.

2.

외계 생명체와
대화하는 방법

외계 문명이 번성하고 있는 다른 행성에 착륙했다고 생각해 보자. 외계 생명체는 우리와 전혀 다르게 생겼을 것이다. 다리가 세 개일 수도 있고 다리가 없을 수도 있다. 피부는 끈적끈적하고 보라색일 수도 있고 벌거숭이두더지쥐보다 더 못생겼을 수도 있다. 어쩌면 춤을 기가 막히게 잘 출 수도 있다. 우리는 전혀 모른다. 우리가 확실하게 아는 유일한 사실은 그들의 세계도 우리와 똑같은 자연법칙을 따른다는 것뿐이다.

과학에서는 이것을 물리 법칙의 보편성이라고 부른다.

외계 생명체와 이야기하고 싶다면 그들이 영어나 프랑스 어나 중국어를 사용하지는 않을 것이라는 사실을 알아야 한다. 손을 흔드는 것이 우호적인 인사인지 적대감의 표현인지도 알 수 없다. 하지만 그들이 발전된 문명이라면 그들도 우리가 알고 있는 물리 법칙을 이해하고 있을 것이다. 크든 작든, 끈적거리든 그렇지 않든 그들은 중력에 대해서 알 것이다. 그러니까 가장 가능성이 높은 것은 과학의 언어를 이용해 대화할 방법을 찾는 것이다.

우리 세계를 정의하고 만드는 과학 법칙은 여러분의 앞마당에서부터 화성의 표면과 그 너머까지 우주 어디에서나 똑같다. 심지어 멀고 먼 은하를 무대로 하는 「스타워즈(Star Wars)」 영화도 법칙의 지배를 받는다. 가장 멀리 있는 은하도 우리 우주의 일부이기 때문이다.

과학자들이 항상 물리 법칙이 보편적이라는 사실을 알았던 것은 아니다. 아이작 뉴턴이라는 신사가 중력이 어떻게 작동하는지를 알려주는 중력 법칙을 만들어 낸 1666년까지는, 누구도 여기 지구에서의 과학 법칙이 우주 모든 곳에서 똑같이 적용된다고 생각할 이유가 없었다. 지구는 지상의 물체들이 움직이는 곳이고 천상 — 별과 행성들 — 은 천상의 물체들이 움직이는 곳이었다.

우리 일상 생활 속 규칙은 장소에 따라 달라진다. 여러분은 여러분의 집이나 아파트에서는 신발을 신고 마음대로 돌아다닐 수도 있을 것이다. 하지만 친구 집에 간다면 흙을 아무 데나 묻히는 것을 막기 위해 문 앞에서 신발을 벗어야 하는 규칙이 있을 수도 있다. 과학자들은 우주도 이런 방식으로 작동한다고 생각해 왔다. 뉴턴은 우주가 그렇지 않다는 것을 발견했다.

우주의 어디에서나 같은 법칙이 적용된다.

1665년, 사람들은 흑사병이라고 하는 무서운 병을 피하고자 런던을 탈출했다. 아이작 뉴턴 경도 고향인 링컨셔로 피신했다. 도시를 벗어나니 뉴턴은 자신만의

시간을 가질 수 있었다. 그래서 그는 작은 생각을 시작했다. 사과 밭을 바라보다가 그는 사과를 나무에서 떨어지게 하는 것은 어떤 힘일까 생각하기 시작했다. 사과는 왜 땅으로 똑바로 떨어질까? 1666년이 되었을 때 이 질문은 중력 법칙으로 이어졌다.

뉴턴의 천재적인 면은 중력이 단지 사과만 땅으로 떨어지게 하는 것이 아니라는 사실을 깨달은 것이었다. 그는 중력이 달을 지구 주위로 돌게도 한다는 것을 알아차렸다.

뉴턴의 중력 법칙은 행성, 소행성, 혜성이 태양 주위를 돌게 한다.

중력 법칙은 우리 은하에 있는 수천억 개의 별이 우주로 흩어지지 않도록 해 준다.

중력 법칙은 이런 성질을 가지는 유일한 법칙이 아니다.

뉴턴 시대 이후 과학자들은 모든 곳에서 똑같이 작용하는 다른 많은 물리 법칙을 발견했다. 이러한 물리 법칙의 보편성은 과학자들이 놀라운 발견을 할 수 있게 해 주었다. 우리는 멀리 있는 별과 행성을 연구할 수 있고 이들도 같은 법칙을 따른다고 가정한다.

뉴턴 이후 19세기의 천문학자들은 이 생각을 이용해 태양도 지구에서 자신들이 연구하는 수소, 탄소(C), 산소, 질소(N), 칼슘(Ca), 철 등과 똑같은 원소로 이루어져 있다는 사실을 알아냈다. 그들은 햇빛을 통해 태양에 있는 소량의 새로운 원소도 발견했다. 이 새로운 원소에는 그리스 어로 태양을 의미하는 헬리오스(*helios*)라는 단어를 이용한 이름이 붙었다. 이렇게 헬륨은 주기율표에 있는 원소 중 지구가 아닌 곳에서 발견된 최초이자 유일한 원소가 되었다. 그리고 한참 뒤에 아이들이 헬륨 기체를 마시면 목소리가 만화 주인공처럼 바뀐다

아이작 뉴턴 경은 중력이 사과를 나무에서 떨어지게 할 뿐만 아니라 달이 지구 주위를 돌도록 붙잡기도 한다는 것을 알아차렸다.

는 사실을 발견하면서 생일 잔치의 풍경이 영원히 바뀌게 되었다.

좋다. 이 법칙이 태양계에서는 작용한다. 그렇다면 은하 전체에도 적용될까?

우주 전체에도?

그리고 100만 년 전 혹은 수십억 년 전에도?

중력이 두 강력한 별을 가까이 끌어당기면 이 그림처럼 폭발적인 결과가 일어난다.

　　법칙들은 하나하나씩 검증을 받았다.

　　천문학자들은 가까이 있는 별 역시 수소와 탄소 같은 익숙한 재료로 만들어졌다는 것을 알아냈다. 그리고 권투 시합을 하는 선수들처럼 두 별이 서로의 주위를 돌고 있는 쌍성을 연구해 중력의 영향을 다시 한번 알아냈다. 뉴턴의 사과를 나무에서 떨어뜨리고 5학년 아이가 덩크 슛을 하지 못하게 방해하는 것과 같은 보편 법칙이 두 별을 묶어 주고 과학자들이 그들의 움직임을 예상할

화성에서 오는 빛은 우리의 망원경에 도착하기 전에 우주 공간을 여행한다. 그러니까 우리는 사실 화성의 몇 분 전 모습을 보는 것이다.

수 있게 해 준다.

그러니까 법칙은 여기에서도 저 먼 곳에서도 똑같이 작용한다. 그런데 이것이 언제나 진실이라는 것은 어떻게 알 수 있을까? 이 보편 법칙은 100만 년 전에도 작용했을까?

그렇다. 우리는 그것을 안다. 천문학자들은 과거를 볼 수 있기 때문이다.

여러분이 망원경으로 화성을 볼 때는 바로 그 순간의 붉은 행성을 보고 있는 것이 아니다.

지구와 화성 사이의 거리는 공전 궤도에 따라 변하지만, 대략 22억 4000만 킬로미터라고 한다. 그러니까 빛이 우리에게 도착하기 위해서는 22억 4000만 킬로미터를 날아와야 한다는 말이다. 빛에게는 약 12분이 걸리는 여행이다. 빛이 여러분의 망원경에 도착하는 데 12분이 걸리기 때문에 여러분은 사실 12분 전의 화성을 보는 것이다.

천문학자들은 훨씬 더 큰 망원경을 가지고 있기 때문에 훨씬 더 멀리 있는 천체를 연구할 수 있다. 더 먼 우주를 볼수록 우리는 더 먼 과거를 보는 것이다.

여러분이 무슨 생각을 하는지 나는 안다. 우와.

그렇다. 그게 적절한 대답이다.

우리는 멀리 있는 별과 은하의 거리를 이야기할 때 광년이라는 단위를 사용한다. 광년 단위의 숫자가 천체에서 나온 빛이 우리 망원경에 도착하는 데 걸리는 연수가 된다. 그러니까 우리가 50억 광년 떨어진 은하를 연구한다면 그 빛이 여기에 도착하는 데 50억 년이 걸렸다는 말이다.

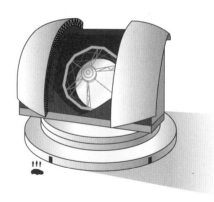

다시 말해서 우리는 그 은하의 50억 년 전 모습을 보는 것이다.

우리는 말 그대로 과거를 본다. 우리는 우주에서 가장 멀리 있는 천체도 우리가 지금 관측하는 것과 같은 법칙을 따른다는 사실을 확인했다. 보편 법칙은 처음 시작부터 전 우주에서 열심히 일하고 있다.

물리 법칙의 보편성이 우주에서 일어나는 모든 일이 여기 지구에서도 일어난다는 의미는 당연히 아니다. 법칙이 어디에서나 똑같다는 말이 모든 일이 어디서나 일어날 수 있다는 말은 아니다. 예를 들어 여러분이 길에서 블랙홀을 만날 일은 절대 없을 것이다.

블랙홀이라는 우주의 괴물은 중력이 어마어마하게 밀도가 높은 별을 수축시킬 때 만들어진다. 중력은 별에 있는 모든 물질을 중심으로 빨아들여 한때 별이 빛났던 공간에 구멍을 만든다. 이 블랙홀 근처의 중력은 너무나 강해서 빛조차도 탈출할 수 없다. 이 우주의 구멍이 정말로 길에 나타난다면 여러분이 유일한 희생자가 되지는 않을 것이다. 하지만 아무리 강력하다 해도 블랙홀 역시 자연의 법칙을 따른다.

☄

우주 모든 곳에 적용되는 것은 물리 법칙만이 아니다. 물리 법칙도 상수라고 하는 숫자에 의존한다. 상수는 과학자들이 어떤 법칙의 효과를 예측할 때 사용하는 것이다. 중력 상수 G는 과학자들이 주어진 상황에서 중력이 얼마나 강한지 계산할 때 사용된다. 예를 들어 화성 표면에서의 중력을 계산할 때 G를 사용한다.

모든 상수 중에서 가장 유명한 것은 빛의 속도다. 아폴로 호의 우주 비행사들은 달까지 날아가는 데 약 3일이 걸렸다. 만일 그들이 빛의 속도로 갔다면 38만 킬로미터의 여행은 1초가 조금 넘게 걸렸을 것이다. 그런데 왜 그렇게 하지 않았을까? 불가능하기 때문이다.

어떤 실험도 빛의 속도에 도달하는 물체를 찾아내지 못했다.

우리는 아무리 빠르게 달려도 절대 빛을 앞지르지 못한다.

인간은 언제나 불가능해 보이는 일을 이루어 왔다. 우리는 공학자나 발명가를 과소 평가하기도 한다. 사람들은 한때 우리는 절대 날 수 없을 것이라고 말했다. 우리는 절대 달에 가지 못하고 원자를 쪼개지 못할 것이라고 주장하기도 했다. 우리는 이 세 가지를 모두 해냈다. 하지만 이 세 가지는 모두 물리 법칙을 위배하는 것이 아니었다.

달로 가는 것은 어렵지만 불가능하지는 않다.

"우리는 절대 빛보다 빠르게 움직일 수 없다."라는 주장은 전혀 다른 예언이다. 이것은 기본적인 검증된 물리 원칙이다. 우주는 다음과 같은 속도 제한 표지판을 세워 두고 있다.

빛의 전파 속도 :
제한 속도를 지킨다는 것은 그저 좋은 생각이 아니라,
반드시 지켜야 하는 법이다.

외계 생명체가 아무리 발전했고 똑똑하더라도 그들 역시 빛의 속도를 앞지를 수는 없다. 하지만 아마도 이 상수들은 잘 알고 있을 것이다. 우리의 모든 과학 연구, 측정, 그리고 우주에 대한 관측은 G부터 빛의 속도까지 모든 중요한 상수와 그것을 이용하는 물리 법칙이 시간이나 장소에 따라 절대 변하지 않는다고 알려 주고 있다.

내가 너무 자신만만한 것처럼 보일 수 있을 것이다. 과학자들도 모든 것을 알지는 못한다. 모르는 것이 더 많다. 우리는 모든 것에 동의하지도 않는다. 우리는 형제자매처럼 치열하게 다툰다. 하지만 그것은 우리가 거의 이해하지 못하는 개념이나 우주의 현상에 대해서 이야기할 때이다.

보편적인 물리 법칙에 대해 이야기할 때는 논쟁이 금방 끝난다.

그래도 여전히 여기에 동의하지 않는 사람도 있다.

몇 년 전 나는 캘리포니아 패서디나의 디저트 가게에서 뜨거운 코코아를 주문했다. 당연히 휘핑크림도 함께였다. 점원이 테이블로 가져온 코코아에는 휘핑크림이 보이지 않았다. 내가 점원에게 코코아에 휘핑크림이 없다고 했더니 그는 바닥에 가라앉았기 때문에 보이지 않는 것이라고 주장했다.

하지만 휘핑크림은 밀도가 낮다. 이것은 뜨거운 코코아를 포함해 사람이 먹는 모든 액체 위에 뜬다. 여러분이 우주 어디에 있든 밀도가 낮은 물질은 더 높은 밀도를 가진 액체 위에 뜬다. 이것은 보편 법칙이다.

그래서 나는 점원에게 두 가지 설명이 가능하다고 말했다. 누군가가 내 뜨거운 코코아에 휘핑크림을 추가하는 것을 잊었거나, 보편적인 물리 법칙이 이 가게에서만 다르거나. 점원은 자신의 주장을 증명하기 위해서 휘핑크림 통을 가지고 왔다. 몇 덩어리를 넣자 휘핑크림은 위로 떠올라 안정적으로 떠 있었다.

물리 법칙의 보편성을 이보다 더 잘 증명해 주는 예가 있을까?

3.

빛이 있으라

나는 슈퍼맨을 만난 적이 있다. 비록 만화책에서였지만, 진짜처럼 느껴졌다. 「빛나는 밝은 별(Star Light, Star Bright,)」편(『액션 코믹스 볼륨 2 이슈 14(Action Comics (Volume 2) #14)』에 수록되어 있다. ― 옮긴이)에서 슈퍼맨은 화성에서 외계인 침입자와 싸우던 중에 휴식을 취한다. 그는 싸움을 저스티스 리그 동료들에게 맡겨두고 지구로 돌아왔다. 오직 하나의 별을 보기 위해서였다.

　　나의 슈퍼 히어로는 이 정도다.

　　혹시 슈퍼맨을 잘 모를까 봐 덧붙이자면, 그는 총알을 막는 피부를 가지고 있고, 눈으로 레이저를 발사할 수 있고, 하늘을 날며, 그 외에도 놀라운 능력들을 가지고 있다. 더 중요하게는 외계인이다. 그는 크립톤이라는 행성에서 태어나 아기일 때 우주선을 타고 지구로 왔다. 우주 여행을 마친 후 그는 캔자스의 들판에 착륙해 새 부모님인 조너선 켄트와 마사 켄트를 만나 새로운 삶을 시작

별이 폭발한 후에 보이는 모습이다. 별의 폭발은 별 내부에 있는 물질을 은하를 가로질러 사방으로 쏟아 낸다.

했다.

그가 지구로 오는 동안 크립톤은 파괴되었다. 어떻게 파괴되었는지는 만화책과 영화가 다르다. 하지만 「빛나는 밝은 별」에서는 크립톤의 별이 초신성이 되었다. 별이 폭발했고, 그 과정에서 슈퍼맨의 고향 행성은 타서 사라졌다.

여기에서 내가 도와준 것은 완벽한 콧수염과 함께 내가 가장 좋아하는 천문학 관련 조끼를 입고 만화에 직접 등장한 것 말고도 슈퍼맨의 고향이 실제 은하에서 어디에 있을지 정해 주는 것이었다. 작가들이 나에게 도움을 청했고, 나는 조사를 좀 해 본 후에 지구에서 약 27광년 떨어진 까마귀자리의 이웃 별을 골랐다. 빛이 27년 동안 우주를 가로질러 와야 하는 거리다.

처녀자리

스피카

까마귀자리

바다뱀자리

나는 까마귀자리를 슈퍼맨의 고향 주소로 선택했다. 빛이 우리에게 도착하는 데 27년이 필요하기 때문이었다. 그래서 별의 마지막 순간은 그가 어른이 될 때까지 지구에 도착하지 않았다.

한마디로 말해서 멀다.

슈퍼맨이 처음 지구로 올 때 그의 우주선은 그를 빛보다 빠르게 데리고 왔다. 그렇다. 2장에서 말한 것처럼 이것은 불가능하다. 하지만 그들은 아주 똑똑한 외계인이기 때문에 웜홀을 만드는 방법과 그것을 통과해 여행하는 방법을 알아냈을 것이다. 웜홀은 지름길을 통해서 우주 어디든 여러분이 원하는 곳에

웜홀

알베르트 아인슈타인의 위대한 아이디어 중 하나는 중력이 실제로 공간의 모양을 바꾸어서 직선을 곡선으로 만들 수 있다는 것이었다. 이 아이디어를 극단까지 밀고 가면 우주 전체를 구부려서 멀리 있는 장소를 가까이 가져오는 것이 가능하다. 우리 우주를 종이 한 장이라고 생각해 보자. 한쪽 구석에 지구를 그리고 반대쪽 구석에 크립톤을 그리면 둘 사이의 가장 가까운 거리는 직선이 될 것이다. 그런가? 보통은 그렇다. 하지만 중력은 이 편평한 우주를 구부릴 수 있다. 종이를 접어서 두 행성을 가깝게 만들면 가장 가까운 거리는 달라진다. 웜홀 — 아인슈타인은 이것을 다리라고 불렀다. — 은 멀리 있는 점을 연결하는 공간의 터널 같은 것이다. 웜홀이 실제로 존재하는지, 혹은 여러분 몸의 모든 원자가 찢겨 나가지 않은 채로 우주선을 타고 무사히 통과할 수 있는지는 모른다. 하지만 SF 작가들은 확실히 웜홀을 좋아한다.

데려다준다.

슈퍼맨은 지구에 도착했지만 그의 고향 별이 폭발할 때 나온 빛은 우주 공간을 평소의 속도로 이동해야 한다. 슈퍼맨이 지구에서 자라면서 농사를 배우고 주 수도를 외우며 그의 능력을 발견하는 동안 폭발한 별의 빛은 아직 우주를 가로질러 오고 있었다.

그가 어른이 되어 나의 고향인 뉴욕과 아주 비슷한 대도시로 가서 유명한 '강철의 사나이'로 변신하는 동안에도 빛은 계속 오고 있었다.

그가 로이스 레인과 사랑에 빠졌을 때도 빛은 아직 도착하지 않았다.

그가 화성으로 가 외계인 침입자와 싸울 때야 광자가 드디어 가까이 오고 있었다. 그 별은 지구에서 27광년 거리에 있고 그가 태어난 직후에 폭발했기 때문에 슈퍼맨이 스물일곱 살이 되었을 때야 그 초신성에서 나온 빛이 우리 망원경에 도착했다.

그때가 슈퍼맨이 헤이든 천체 투영관을 방문해 나를 만날 때였다. 이 이야기에서 만화책 속의 나는 눈에 보이는 빛과 보이지 않는 빛 모두를 최대한 많이 받기 위해서 지구의 가장 강력한 망원경들을 까마귀자리로 향하도록 주선했다.

그것은 그에게는 너무나 끔찍한 순간이었다. 그는 이제야 그의 고향 행성이 초신성 때문에 타 버리고 말았다는 사실을 분명히 보게 되었다. 하지만 이것은 천문학에서, 혹은 심지어 자연 그 자체에서 가장 이상한 현상을 완벽하게 보여 준 것이다. 이것에 대해서는 이미 이야기했지만 한 번 더 할 가치가 있다. 빛이 광원에서 나와 망원경에 도착하기 위해서는 이동할 시간이 필요하다. 그러므로 우리가 뭔가를 볼 때마다, 어떤 물체에서 나온 빛이 우리 눈에 닿을 때마다 우리는 사실 그 물체의 과거 모습을 보는 것이다. 과거에 광자가 여행을 처음 시작했을 때의 모습이다. 우리가 더 멀리 볼수록 빛이 더 멀리 이동해야 하므로 더 먼 과거를 보는 것이다.

만화책에서 슈퍼맨과 내가 그랬던 것처럼 27년 전의 모습을 보는 것은 천문학자에게는 흔한 일이다.

현재의 망원경과 관측 장비는 우주의 수십억 년 과거를 들여다 볼 수 있게 해 준다. 우리는 거의 우주의 시작까지도 볼 수 있다. 여기에 대해서는 20세기 천문학에서 가장 위대한 발견 중 하나를 우연히 해낸 아노 펜지어스와 로버트 윌슨에게 감사해야 한다.

1964년 펜지어스와 윌슨은 지금도 미국에서 무선 통신과 스마트폰 서비스를

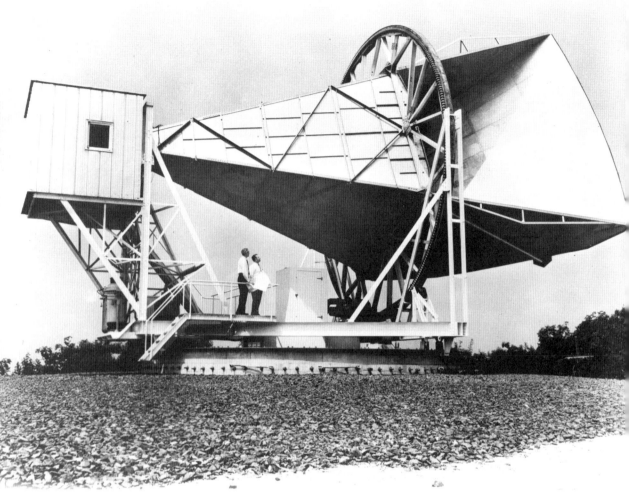

벨 전화 연구소의 과학자들은 이 안테나로 우주의 탄생에 대해 알게 되었다.

하는 AT&T 사의 자회사인 벨 전화 연구소에서 일하고 있었다. 9장에서 더 자세히 다루겠지만, 하늘은 여러 종류의 빛 에너지로 가득 차 있다. 익숙한 무지개 색과 같이 눈에 보이는 빛도 있고, 눈에 보이지 않는 빛도 있다. 하지만 빛은 모두 파동이고 빛 사이의 가장 중요한 차이는 파장이다. 파장은 파동의 꼭대기에서 그 옆의 꼭대기까지 거리를 말한다. AT&T 사는 전파를 주고받기 위해 뿔 모양의 큰 안테나를 만들었다.

펜지어스와 윌슨은 자신들의 큰 안테나를 하늘로 향했다. 하지만 안테나를 하늘로 향할 때마다 또 다른 형태의 빛인 마이크로파가 잡혔다. 지금은 많은 집에 이 길고 눈에 보이지 않는 낮은 에너지의 파동으로 요리를 하거나 음식을 데우는 전자레인지가 있다. 그런데 이 과학자들에게 왜 이 마이크로파가 발견되었을까?

펜지어스와 윌슨은 당황스러웠다.

그들은 지구와 우주 모두에서 가능한 원인을 찾았다.

거의 모든 경우에 그들은 빛이 어디에서 오는지 알 수 있었다.

하지만 이 마이크로파 하나는 의문으로 남아 있었다. 안테나를 어느 방향으로 향해도 이 신호는 관측되었다. 당연히 그들은 자신들의 관측 장비가 잘못된 것이 아닐까 생각했다. 두 과학자는 안테나의 안쪽에서 비둘기 집을 발견했다. 그리고 안테나도 하얀 물질로 뒤덮여 있었다.

비둘기 똥이었다.

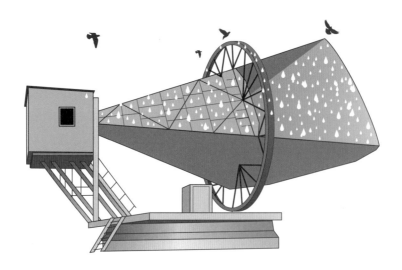

비둘기 똥이 안테나 대부분을 덮고 있었다. 의문의 마이크로파는 그저 더러운 안테나 때문일 수도 있었다. 펜지어스와 윌슨은 안테나를 청소하고 비둘기에게 새로운 집을 찾아 준 후 기기를 다시 시험했다.

신호는 약간 약해졌지만 완전히 없어지지는 않았다. 그러니까 비둘기 때문만은 아니었다. 이 과학자들은 아직 미지의 빛을 설명하지 못했다. 그때 프린스턴 대학교의 로버트 디키가 이끄는 물리학자들이 그 이야기를 들었다. 펜지어스와 윌슨과는 달리 그들은 그 이상한 빛이 어디에서 오는지 정확하게 알고 있었다.

비둘기 똥이 문제가 아니었다.

그들은 초기 우주에서 온 빛을 발견한 것이었다.

☆彡

빅뱅 이후 우주는 빠르게 팽창했다.

우주는 우리가 이미 살펴본 것처럼 많은 신비한 규칙을 가지고 있다. 그중 하나는 에너지가 만들어지거나 없어지지 않는다는 것이다. 이것은 에너지 보존 법칙이라고 알려져 있고 여러분은 이것을 깨뜨릴 수 없다. 정말이다. 우리 우주에 있는 모든 에너지는 빅뱅 시기의 에너지와 같다. 우주가 커지면서 그 모든 에너지는 점점 더 커지는 우주로 퍼졌다. 매 순간 우주는 조금씩 커지고 조금씩 차가워지고 조금씩 어두워진다.

이것은 38만 년 동안 계속되었다.

이 초기 우주에서 여러분의 임무가 우주를 관찰하는 것이라면 그것은 불가능하다. 관찰하기 위해서는 우주를 가로질러 온 광자를 보아야 한다. 하지만 그때는 광자가 멀리 이동할 수가 없었다. 집에서 나가려다가 끝내지 않은 일이나 해야 할 숙제가 있다고 부모님에게 붙잡힌 적이 있는가? 그것이 광자의 운명이었다. 광자가 여행을 시작하기도 전에 전자가 계속해서 광자를 정지시키고 있었다. 광자가 아무 데도 갈 수가 없기 때문에 볼 수 있는 것은 아무것도 없었다. 우주는 모든 방향으로 뿌연 안개와 같았다.

하지만 온도가 떨어지면서 입자들은 점점 더 천천히 움직였다. 결국 전자는 지나가는 양성자에게 붙잡힐 정도로 충분히 느려졌다. 전자와 양성자가 서로 결합해 드디어 원자가 되었다.

그런데 이게 비둘기 똥과 도대체 무슨 상관일까?

양성자가 전자를 붙잡자 광자의 움직임을 막을 것이 없어졌다. 광자는 아무런 방해를 받지 않고 우주를 가로질러 자유롭게 움직일 수 있게 되었다.

광자가 우주를 가로질러 달려가는 동안 우주는 계속 팽창하며 식었다. 광자는 점점 약해졌다. 처음에는 우리가 종이나 전자책을 볼 때 눈으로 들어오는 광자처럼 눈에 보일 정도로 충분한 에너지를 가지고 있었다. 수십억 년을 움직인 광자는 식었고, 늘어나서 파장이 길고 에너지가 낮은 마이크로파로 바뀌었다. 이렇게 오래 여행한 광자를 우리는 '우주 배경 복사(cosmic microwave background)'라고 부른다.

이런 멋진 과학 용어에 현혹될 필요 없다. 그리고 제발 우주 공간에 떠다니는 거대한 전자레인지를 상상하고 싶은 유혹에 빠지지 말기를 바란다. 우주 배경 복사는 멋지고 흥미진진한 초기 우주가 남겨 준 빛이다.

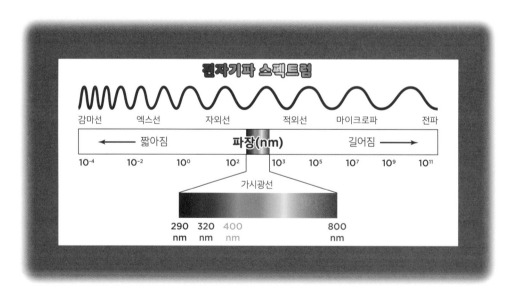

그리고 이것은 펜지어스와 윌슨이 그들의 안테나로 잡은 것과 같은 빛이다. 과학자들은 약 138억 년 전의 우주를 보고 있는 것이다.

우주 배경 복사의 존재는 수십 년 전 러시아 출신의 미국 물리학자 조지 가모브가 예측했다. 프린스턴 대학교의 디키와 그의 동료들은 펜지어스와 윌슨이 발견한 이상한 신호에 대한 이야기를 듣고 그것이 무엇인지 바로 알았다. 그들도 우주 배경 복사의 증거를 찾고 있었기 때문이었다. 그 신호는 모든 방향에서 온다는 것을 포함해서 모든 조건이 맞았다.

10여 년 후인 1978년, 우주 배경 복사를 발견한 공로로 펜지어스와 윌슨은 과학에서 가장 큰 명예인 노벨상을 받았다.

☆彡

우리가 우주 배경 복사를 제대로 이해하고 있다는 것을 어떻게 알까?

외계인의 관점에서 생각해 보자. 빛이 우주의 먼 곳에서 우리에게 도착하는 데는 시간이 걸린다는 것을 기억하라. 우리가 공간적으로 먼 곳을 보면 시간적으로 오랜 과거를 보는 것이다. 아주 먼 곳에 사는 지적 생명체가 광자들이 우리 망원경을 향해 이동하기 직전에 우주 배경 복사의 온도를 측정한다면 우리가 측정하는 것보다 약간 높을 것이다. 그들은 더 젊고 더 작고 더 뜨거운 우주에 살고 있기 때문이다.

이 아이디어는 실제로 검증해 볼 수 있다.

사이안화 분자는 마이크로파를 받으면 들뜬다. '들뜬다.'라는 의미는 전자가 원자핵 주위를 돌다가 더 높은 준위로 올라간다는 의미지만, 전자가 춤을 추는 모습을 원한다면 그렇게 생각해도 된다. 따뜻한 마이크로파는 차가운 것보다 사이안화 분자를 더 많이 들뜨게 한다. 천문학자들은 우리 은하에서 보이는 사이안화 분자와 멀리 있는 젊은 은하들에 있는 사이안화 분자를 비교해 보았다. 이 은하들은 더 젊기 때문에 사이안화 분자가 더 따뜻한 마이크로파를 받아서 더 많이 들떠야 한다. 그리고 우리의 관측도 정확하게 그랬다.

이것은 억지로 만들 수 없다.

이것이 왜 흥미로울까? 우주가 어떻게 만들어졌는지에 대한 많은 정보를 주기 때문이다. 펜지어스와 윌슨 이후 천문학자들은 점점 더 정밀한 기기로 우주 배경 복사의 상세한 지도를 만들었다. 이 지도는 완전하게 균일하지 않았다. 평균보다 약간 뜨겁고 약간 차가운 지점들이 있었다. 지도에 나타난 이 온도 차이를 연구해 우리는 초기 우주가 어떻게 생겼고 물질이 어디에서 뭉치기 시작했는지 알아낼 수 있다.

우리는 최초의 은하들이 언제 어디서 만들어지기 시작했는지 볼 수 있다.

우주 배경 복사는 우주가 어떻게 행동하고 어떻게 팽창하는지 알려 준다. 하지만 우주 배경 복사는 우주의 대부분이 우리가 전혀 알지 못하는 재료로 이루어져 있다는 사실도 알려 준다. 이 두 미스터리는 5장과 6장의 주제다.

조심하라. 우리의 이야기는 곧 암흑으로 빠져들 것이다.

4.

은하들 사이

9학년(우리나라로 치면 중학교 3학년. — 옮긴이)이 끝난 여름, 나는 다른 아이들과 함께 53시간 동안 밴을 타고 뉴욕에서 남부 캘리포니아의 모하비 사막으로 갔다. 우리의 목적지는 과학을 좋아하는 아이들이 한 달을 보내게 될, 튀코 브라헤의 천문대 이름을 딴 우라니보르그 캠프였다. 튀코 브라헤는 구리로 만든 인조 코를 가진 뛰어난 덴마크의 관측자였다. 그는 나중에 만날 것이다.

나는 전에도 하늘을 관측한 적이 있었다. 전에도 말했듯이 맑은 날 밤에 브롱크스 아파트 건물의 옥상에 올라가 별과 행성을 관측하곤 했다. 쉬운 일은 아니었다. 나는 종종 여동생에게 망원경의 부속품을 옮기는 일을 도와 달라고 부탁했다. 가끔 이웃이 옥상에서 돌아다니는 이상한 사람이 있다고 경찰에 신고하기도 했다.

우리는 도시 하늘에서도 별을 볼 수 있었다. 보통은 수십 개 정도였다.

토성은 나의 구원자!

내가 범죄자가 아니라 어린 천문학자라는 것을 경찰관에게 증명하기 위해서 나는 그들에게 밤하늘을 보여 주었다. 토성은 언제나 가장 인기가 있었다. 토성은 눈부시게 아름다웠고 그 덕분에 나는 잘못 체포되지 않을 수 있었다.

정말로. 어떻게 토성을 사랑하지 않을 수 있겠는가? 이 고리를 보라! 이것은 태양계의 경이이며 그 무엇과도 비할 바 없다.

100개 정도일 때도 있었다.

모하비 사막은 훨씬 더 혼잡한 우주를 보여 주었다. 하늘 전체가 별로 가득 차 있었다. 나의 첫 번째 천체 투영관 공연과 비슷했다. 실제라는 것 빼고는. 이후 몇 달 동안 나는 달, 행성, 별자리, 은하를 비롯한 천체를 기록했다. 하지만

은하수를 밀키 웨이라고 부르는 이유

우주를 연구할 때 우리는 은하에 초점을 맞추는 경향이 있다. 은하는 눈을 사로잡기 때문이다. 우리 은하의 일부인 은하수는 나선 모양이고 영어로는 '밀키 웨이(Milky Way)'라고 한다. 지구의 밤하늘을 가로질러 흐르는 젖이라는 의미에서 붙은 이름이다. 사실 은하라는 의미의 'galaxy'가 그리스 어로 '젖'을 의미한다.

아직 모든 것을 본 것이 아니었다. 우리가 볼 수 있는 모든 물질로 이루어진 '관측 가능한 우주'는 약 1000억 개의 은하를 가지고 있다. 밝고 아름답고 별이 가득한 은하들은 밤하늘을 수놓고 있다. 은하들이 눈앞에 있기 때문에 이보다 더 중요한 것은 없으리라고 쉽게 믿을 수 있다. 하지만 우주에는 은하들 사이에 존재해 발견하기 힘든 것도 있다. 어쩌면 이들은 은하보다 더 흥미로울 수도 있다.

은하들 사이의 어두운 곳을 우리는 은하 사이 공간이라고 부른다. 여러분이 갑자기 그곳으로 이동했다고 상상해 보라. 여러분이 서서히 얼어 죽거나 질식하는 동안 혈액 세포가 터질 것이라는 사실은 무시하자. 여러분이 기절한 다음 심한 알레르기 반응을 일으키는 아이처럼 부어오르기 시작하는 것도 신경 쓰지 말자.

이 정도는 평범한 위험이다.

적절한 망원경으로 보면 우리 은하는 하늘을 가로지르는 넓은 강처럼 보인다. 정확하게 흐르는 젖처럼
보이지는 않지만, 비슷하다.

여러분은 엄청나게 높은 에너지로 빠르게 움직이는 아원자 입자인 우주
선(cosmic ray)의 공격도 받을 것이다. 우리는 우주선이 어디에서 오는지, 무엇이
그들의 여행을 시작하게 했는지 모른다. 그 입자들 대부분이 양성자이고 빛의
속도에 가깝게 움직인다는 것은 알고 있다. 우주선 입자 하나는 퍼팅 그린 어디
에서도 골프공을 캡에 넣을 수 있을 정도로 충분한 에너지를 가지고 있다. 미국
항공 우주국 NASA는 우주선이 우주 비행사에게 어떤 영향을 미칠지 너무 걱
정되어서 우주선을 막을 수 있도록 특별한 방패막을 가진 우주 비행선을 설계
했다.

그렇다. 은하 사이 공간은 지금도 그렇고 앞으로도 영원히 활동적인 곳
이다.

과학자들에게 좋은 망원경이 없었다면 우리는 아직 은하 사이 공간은 텅 비어 있다고 알고 있을 것이다. 밤하늘을 점령한 밝은 별과 성운, 은하는 수백 년 동안 천문학자들을 바쁘게 하기에 충분한 비밀을 숨기고 있었다.

하지만 앞에서도 말했듯이 빛은 여러 형태로 온다. 우리는 가시광선에 익숙하지만 눈에 보이지 않는 빛도 있다. 의사들이 병원에서 사고로 뼈가 부러졌는지 피부를 뚫고 보는 데 사용하는 엑스선도 빛의 한 형태다. 먼 우주에서 와서 우주 탄생에 대한 단서를 제공해 주는 마이크로파도 마찬가지다. 우리에게 와이파이 연결을 가능하게 하는 전파도 우리 주변을 밝히고 색을 볼 수 있게 해 주는 가시광선의 에너지 낮은 사촌이다.

현대의 관측 기기와 탐사선은 이런 보이지 않는 형태의 빛을 연구할 수 있다. 이들은 우리 눈만으로는 볼 수 없는 우주의 사건을 알려 준다. 관측 기기들로 우리는 우주의 변두리를 탐색해 온갖 종류의 멋진 모습을 찾아냈다.

그중에서 내가 가장 좋아하는 몇 가지를 소개하겠다.

왜소 은하

우주의 일정한 공간에는 큰 은하 1개당 10개의 왜소 은하라고 불리는 작은 은하들이 있다. 우리 은하 근처에도 수십 개의 왜소 은하들이 있다. 보통의 큰 은하는 수천억 개의 별을 가지고 있지만, 왜소 은하들은 100만 개 정도밖에 가지지 않는다. 그것도 여전히 많아 보일 것이다. 하지만 왜소 은하들은 별을 훨씬 적게 가지고 있기 때문에 하늘에서 훨씬 더 어둡게 보여서 찾기가 어렵다.

그래서 새로운 왜소 은하는 계속 발견된다.

이들을 보면 대부분의 (알려진) 왜소 은하가 더 큰 은하의 주위를 우주

이 사진의 중심에 있는 왜소 은하의 밝고 뿌연 부분에서는 아직 별이 만들어지고 있다.

선처럼 돌고 있다는 사실을 알 수 있을 것이다. 결국에는 왜소 은하는 찢어져서 큰 은하에게 먹힌다.

우리 은하도 지난 10억 년 동안 적어도 하나 이상의 왜소 은하를 삼키고 있다. 이 은하의 잔해는 우리 은하 중심을 도는 별의 흐름으로 보인다. 이 잔해는 궁수자리 왜소 은하라고 불린다. 하지만 이것은 너무나 격렬하게 먹혀서 '점심거리'라고 불러야 할 것만 같다.

달아나는 별

가까이 있는 마을과 도시가 모여 나라가 되듯이 은하는 모여서 은하단을 이룬다. 그런데 우리의 마을과 도시는 그 자리에 그대로 있다. 뉴욕이 해변을 따라 회

이 거대한 달아나는 별은 너무나 빠르게 움직이기 때문에 그 앞에 충격파를 만들어 낸다. 여기서는 둥근 붉은 무늬로 보인다.

전하며 올라가서 보스턴과 충돌하지는 않는다. 반면에 큰 은하들은 수시로 충돌하고, 충돌할 때는 엄청난 혼란을 남긴다. 이런 충돌을 한 번 하면 평소에는 중력으로 잡혀 있던 수억 개의 별들이 탈출을 한다. 이 별들은 흩어져서 하늘을 가로질러 퍼진다. 어떤 별들은 왜소 은하라고 부를 수 있는 형태로 뭉치기도 한다.

　　어떤 별들은 계속 달아난다. 관측 결과는 은하 안의 별만큼 많은 집이 없는 별이 존재할 수 있다고 말해 준다.

달아나는 별보다 멋진 것이 있을까? 폭발하며 달아나는 별! 이 별은 기체와 먼지를 방출하고 있다.

폭발하며 달아나는 별

일부 천문학자가 가장 좋아하는 우주의 사건은 초신성이다. 초신성은 스스로 폭발해 산산조각이 나면서 그 과정에서 몇 주 동안 10억 배나 더 밝아진다. 성능 좋은 망원경으로는 우주를 가로질러 초신성을 볼 수 있다. 대부분은 은하 안에서 나타나지만, 과학자들은 어떤 은하로부터도 멀리 떨어진 곳에서 초신성 폭발을 10개 넘게 발견했다. 보통 초신성이 되는 별 하나가 있으면 그렇지 않은 별이 근처에 10만에서 100만 개가 있다. 그러므로 은하가 없는 곳에서 폭발한 10여 개의 별은 우리에게 보이지 않는 별이 훨씬 더 많이 존재할 것이라는 단서가 된다.

폭발하지 않고 발견되지 않은 별 중 일부는 우리 태양과 비슷할 수도 있다.

그런 별을 행성이 돌고 있을 수도, 그 행성에는 어쩌면 지적 생명체가 있을 수도 있다.

100만 도 기체

우주 만물을 만드는 재료인 물질은 일반적으로 3개의 상태를 가진다. 고체, 액체, 기체다. 가장 쉬운 예가 물이다. 고체인 얼음, 마실 수 있는 액체 상태인 물, 그리고 기체 상태인 수증기.

은하들 사이를 가로질러 뻗어 있는 온도가 수천만 도에 달하는 기체가 몇몇 망원경에 포착되었다. 덩어리를 만들고 있지는 않지만 이 기체도 역시 물질로 만들어졌다. 그리고 아주아주 뜨겁다.

은하들이 이런 엄청나게 뜨거운 기체 사이를 통과하면 기체는 은하에 남아 있는 모든 물질을 벗겨 내 버린다. 점심시간에 우리가 식판을 들고 가는 동안 몇몇 친구들이 식판 위 초코칩 쿠키를 집어 가 버리는 모습을 생각하면 된다. 이 뜨거운 기체는 은하의 하루만 망치는 것이 아니다. 남은 물질을 모두 없애 버리기 때문에 이 은하에서는 새로운 별이 태어나지 못한다.

어두운 푸른 은하들

주요 은하단 밖에는 오래전부터 번성하던 은하들이 있었다. 앞에서 말했듯이 우주를 들여다보는 것은 과거를 돌아보는 것과 같다. 멀리 있는 은하에서 우리에게 도착하는 빛이 이동한 시간은 수백만 년에서 수십억 년이 될 수도 있다.

우주의 나이가 지금의 절반이었을 때 아주 어둡고 푸른 중간 크기 은하가 아주 많았다. 우리는 그들을 지금도 볼 수 있다. 이들은 멀리 있을 뿐만 아니라 밝은 별을 거의 가지고 있지 않기 때문에 발견하기가 어렵다. 이런 어둡고 푸른 은하는 지금은 존재하지 않는다. 그들에게 무슨 일이 있었는지는 우주의 미스터리다. 모든 별이 다 타서 없어졌을까? 보이지 않는 시체가 되어 우주로 흩어졌을까? 지금 우리가 보고 있는 왜소 은하로 바뀌었을까? 더 큰 은하에게 모두 먹혔을까?

모두 점심거리가 되어 버렸을까?

아무도 모른다.

진공 에너지

빈 우주 공간은 사실 비어 있지 않다. 우리는 이런 지역을 진공이라고 부른다. 집에서 쓰는 시끄러운 청소기 이야기가 아니라 어떤 물질이나 에너지도 없는 지역을 말한다. 하지만 이렇게 비었다고 여겨지는 곳에서도 무수히 많은 가상 입자(virtual particle)가 계속해서 나타났다가 사라진다. 가상 입자들이 만나면 서로 파괴하면서 에너지를 방출한다. 이 작은 충돌들은 과학자들이 '진공 에너지(vacuum energy)'라고 부르는 에너지를 만들어 낸다. 이 에너지는 중력에 반해 밀어내는 압력으로 우주의 팽창을 가속하는 역할을 할지도 모른다.

큰 은하들 사이에 있는 물질 중 일부는 그 너머에 있는 것을 보려는 우리의 시야를 방해하기도 한다. 이것은 퀘이사와 같이 우주에서 가장 멀리 있는 천체를 보려고 할 때 문제가 된다. 퀘이사는 엄청나게 밝은 은하의 중심부다. 이들이 내는 빛은 우리의 망원경에 도착하기까지 보통 수십억 년을 이동한다.

퀘이사의 빛은 기체 구름이나 다른 우주의 쓰레기를 통과하면서 약간 변한다. 천문학자들은 이 빛이 수십억 년을 여행하는 동안 무슨 일이 일어났는지 연구할 수 있다. 예를 들어 우리는 퀘이사의 빛이 여러 개의 기체 구름을 통과해 왔다는 것을 알아낼 수 있다. 알려진 모든 퀘이사는 하늘의 어디에서 발견되었는지 상관없이 시공간을 가로질러 흩어져 있는 여러 종류의 구름 수십 개를 통과해 온 특징을 보여 준다.

그래서 이 구름들이 눈에 보이지 않아도 우리는 구름이 있다는 것을 알

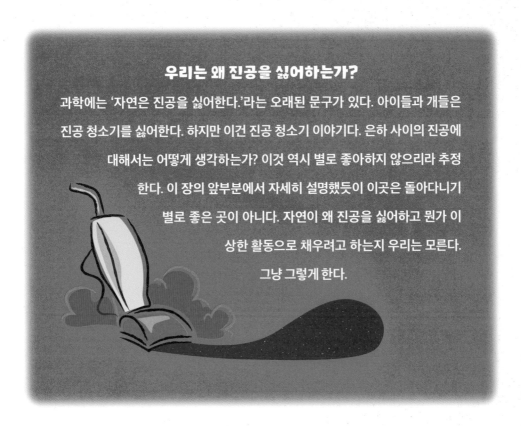

우리는 왜 진공을 싫어하는가?

과학에는 '자연은 진공을 싫어한다.'라는 오래된 문구가 있다. 아이들과 개들은 진공 청소기를 싫어한다. 하지만 이건 진공 청소기 이야기다. 은하 사이의 진공에 대해서는 어떻게 생각하는가? 이것 역시 별로 좋아하지 않으리라 추정한다. 이 장의 앞부분에서 자세히 설명했듯이 이곳은 돌아다니기 별로 좋은 곳이 아니다. 자연이 왜 진공을 싫어하고 뭔가 이상한 활동으로 채우려고 하는지 우리는 모른다. 그냥 그렇게 한다.

고 있다.

배고픈 은하, 달아나는 별, 그리고 엄청나게 뜨거운 기체를 보면 은하들 사이의 공간은 분명 흥미로운 곳이다. 여기에 엄청나게 높은 에너지의 입자와 의문의 진공 에너지까지 더하면 우주에서 재미있는 일은 모두 은하 안에서가 아니라 은하들 사이에서 일어난다고 주장할 수도 있을 것이다.

하지만 그곳에서 휴가를 보내는 것을 권하지는 않는다. 처음에는 재미있을지 몰라도 끝은 아주아주 나쁠 것이다.

우주를 가로질러 빛나는 에너지를 방출하는 퀘이사의 상상도.

5.

암흑 물질

수년 전 내 딸이 어린이용 보조 의자에서 재미있는 실험을 했다. 내가 지켜보는 가운데 딸은 식판에 있는 20여 개의 삶은 콩을 조심스럽게 떨어뜨렸다. 한 번에 하나씩 떨어뜨렸는데 단 하나의 콩도 보편적인 중력 법칙을 거스르지 않았다. 모든 콩은 바닥으로 떨어졌다.

중력은 경이로운 힘이지만 골치 아픈 것이기도 하다.

뉴턴과 아인슈타인은 우주에 있는 물질에 중력이 어떤 영향을 미치는지 설명했다. 그들의 설명은 삶은 콩, 잘 익은 사과, 사람, 행성, 거대한 별을 포함해 우리가 보고, 만지고, 느끼고, 냄새 맡고, 때로는 먹기도 하는 모든 물질에 적용된다. 뉴턴과 아인슈타인의 설명을 적용하면 우리는 우주에 있는 대부분의 물질을 잃어버리고 있다. 여기서 '잃어버렸다.'라는 의미는 양말 한 짝을 잃어버리는 것과는 다르다.

천문학자는 별과 은하를 관측해 우주 먼 곳의 중력의 세기를 측정할 수 있다.

일반적으로 중력이 강한 곳 근처에는 큰 천체가 있거나 여러 천체가 모여 있다. 예를 들어 거성이나 블랙홀 근처에서의 중력 효과는 엄청나다. 우주 공간을 떠도는 작은 우주 암석의 중력은? 얼마 되지 않는다.

오랫동안 천문학자들은 충분한 중력을 만들어 낼 만한 질량이 보이지 않는 곳에서 엄청나게 강한 중력이 작용하는 것을 발견하고 그것을 조사해 왔다. 그만한 중력을 만들어 내는 무언가가 거기에 있어야만 했다. 그것이 무엇인지는 모르지만 '우리'의 물질이나 에너지와는 상호 작용을 하지 않는다. 우리는 거의 한 세기 동안 왜 우주에서 측정되는 중력의 대부분이 — 중력의 약 85퍼센트다. — 우리가 관측할 수 없는 곳에서 나오고 있는지 누군가 알려 주기를 기다리고 있다.

현재로서는 답이 없다.

☆彡

이것은 과학에서 중요한 수수께끼고, 우리는 1937년 이 '잃어버린 질량(missing mass)' 문제가 처음 등장했을 때에 비해서 아직까지 조금도 답에 가까이 다가가지 못하고 있다. 당시 스위스 출신의 천문학자 프리츠 츠비키는 머리털자리 은하단이라는 넓은 영역에 있는 은하들의 움직임을 연구하고 있었다. 이 우주의 이웃은 지구에서 아주 멀리 있다. 머리털자리 은하단을 떠난 빛이 우리 망원경에 도착하기 위해서는 3억 년을 우주를 가로질러 와야 한다.

머리털자리 은하단은 멀리서 보기에는 아주 밀집해 보인다. 수천 개의 은하가 벌집에서 날아다니는 벌처럼 이리저리 움직이며 은하단의 중심을 돈다. 은하단 안에 있는 은하가 달아나지 못하도록 중력이 은하단을 묶어 주고 있다.

천문학자 프리츠 츠비키는 머리털자리 은하단에서 의문의 암흑 물질에 대한 증거를 처음으로 발견했다.

츠비키는 은하단에 있는 몇십 개의 은하를 관측해 중력의 세기를 측정했다.

그런데 뭔가가 잘못되어 있었다.

중력이 너무 강했다. 그래서 그는 은하단에 있는 은하의 질량을 모두 더했다. 머리털자리 은하단은 우주에서 가장 크고 가장 무거운 은하단에 속하는데도 불구하고 전체 질량이 그곳에 있는 모든 은하를 붙잡을 중력을 만들어 내기에는 충분하지 못했다.

다른 뭔가가 그곳에 있었다.

눈에 보이지 않는 뭔가가.

츠비키 이후 천문학자들은 다른 은하단에도 같은 문제가 있다는 사실을 발견했다. 이 '잃어버린 질량'은 천문학에서 가장 오래된 의문으로 남아 있다.

지금은 이것을 '암흑 물질'이라고 부른다.

☄

어릴 때 나는 쌍둥이 아파트 건물 중 한쪽에서 살았다. 초등학교 같은 반의 친한 친구는 다른 쪽 건물에 살았다. 그 친구 덕분에 나는 체스, 포커, 리스크(Risk)와 모노폴리(Monopoly)라는 보드게임을 배우게 되었다. 더 중요한 사실은 그가 나에게 쌍안경으로 달과 별을 보는 법을 가르쳐 주었다는 것이다. 쌍안경이 천체 망원경으로 바뀌고 아파트 옥상에서 사막이나 망망대해와 같이 시야가 탁 트이는 장소로 이동하면서 나는 밤하늘에 흩어져 있는 놀라운 광경과 사랑에 빠졌다.

하지만 천문학은 우리 눈에 보이는 것뿐만 아니라 우리 눈에 보이지 않는 것도 다룬다.

프리츠 츠비키는 은하단에 우리가 보지 못하는 물질이 있다는 증거를 발견했다. 한참 뒤인 1976년 워싱턴 D.C. 카네기 연구소의 천문학자 베라 루빈은 은하단을 구성하는 은하 안에 숨어 있는 잃어버린 질량을 발견했다. 루빈은 나선 은하를 연구하고 있었다.

나선 은하는 중심부에 밝은 팽대부가 있고 별로 가득 찬 몇 개의 팔이 나선 모양으로 밖으로 뻗어 가는 납작한 원반 모양의 별 집단이다. 루빈은 별들이 나선 은하의 중심을 얼마나 빠르게 회전하는지 조사했다. 처음에는 예상한 대로였다. 중력으로 단단하게 묶여 있는 곳에서는 중심에서 멀리 있는 별이 가까이 있는 별보다 더 빠른 속도로 움직였다.

루빈은 원반 바깥 지역도 조사했다. 그곳에는 몇 개의 밝은 별과 외로운 기체 구름밖에 없었다. 이 천체들 사이사이와 원반의 끝부분에는 눈에 보이는

이제 이것을 왜 나선 은하라고 부르는지 이해했을 것이다. 그런가? 이 나선 은하에는 약 1조 개의 별이 있다.

물질이 거의 없었기 때문에 이들을 회전하는 은하에 붙잡고 있을 만한 것이 아무것도 없었다. 속도는 거리가 멀어질수록 줄어들어야만 했다. 그런데 어떤 이유에서인지 속도는 줄어들지 않았다.

　　루빈은 어떤 형태의 암흑 물질이 이런 먼 지역에 있어야만 한다고 올바르게 추론했다. 각 나선 은하의 눈에 보이는 경계 훨씬 바깥에서 멀리 있는 천체를 암흑 물질이 붙잡고 있다는 것이다. 루빈의 연구 이후 우리는 이 의문의 지역을 '암흑 물질 헤일로'라고 부른다.

베라 루빈은 이것과 같은 암흑 물질 헤일로를 연구해 우주에 잃어버린 질량이 더 있다는 증거를 발견했다.

　　이 헤일로 문제는 바로 우리 코앞인 우리 은하에도 있다. 모든 은하와 은하단에서 우리에게 보이는 물질의 질량을 모두 합친 것과 중력의 세기로 볼 때 있어야만 하는 질량의 차이는 엄청나게 크다. 우주의 암흑 물질은 눈에 보이는 물질 전체 중력보다 6배 큰 중력을 가지고 있다. 다시 말하면 우주에는 보통 물질보다 암흑 물질이 6배 더 많은 것이다.

그렇다면 암흑 물질은 무엇일까?

암흑 물질 탐정

베라 루빈은 어릴 때 침실 창밖으로 별을 관찰하다가 두꺼운 종이를 이용해 자신의 첫 천체 망원경을 만들었다. 루빈은 일찍 목표를 정했다. 대학을 마친 후 루빈은 더 높은 천문학 학위를 받기 위해 프린스턴 대학교에 지원했다. 하지만 프린스턴 대학교는 그 과정에 여성을 받지 않는다고 답했다. 하지만 루빈의 길을 막지는 못했다. 루빈은 다른 대학교에서 학위를 받고 나선 은하를 연구해 암흑 물질이 실제로 존재한다는 사실을 증명했다. 많은 사람이 루빈이 노벨상을 받았어야 했다고 믿고 있다. 과학에서 가장 위대한 이 상은 실제로 중요한 발견에 주어지는 것이다. 은하들을 묶어 주는 의문의 물질인 암흑 물질의 발견보다 더 가치 있는 것이 무엇이 있겠는가? (베라 루빈은 2016년 12월에 사망했다. 노벨상은 생존해 있는 사람에게만 수여되기 때문에 이제 베라 루빈은 안타깝게도 노벨상을 받지 못하게 되었다. ─옮긴이)

우리는 암흑 물질이 양성자나 중성자와 같은 보통 물질로 이루어질 수 없다는 것을 알고 있다. 블랙홀이나 우주의 다른 이상한 것들도 아니다. 암흑 물질은 그저 운석이나 혜성일 뿐일까? 운석이나 혜성은 모두 질량을 가지고 있지만 눈에 보이는 빛은 전혀 만들어 내지 않는다. 이들은 우리 관측 기기에는 보이지 않을 것이다. 이런 면에서는 암흑 물질에 적합하다. 하지만 이들은 충분히 많지 않기 때문에 떠돌이 운석이나 혜성도 암흑 물질이 아니다.

우리는 암흑 물질이 행성이나 사람 혹은 햄버거와 같은 입자로 이루어져 있지 않다는 것도 알고 있다. 암흑 물질은 이들과 같은 규칙을 따르지 않기 때문이다. 우리 세계에 있는 입자들을 묶어 주고 있는 힘은 암흑 물질에는 적용되지 않는다. 암흑 물질이 따르는 유일한 규칙은 중력뿐인 것으로 보인다.

어쩌면 물질 같은 것은 없고, 우리가 중력을 이해하지 못하고 있는 것인

지도 모른다. 뉴턴이 틀렸을지도 모른다. 어쩌면 아인슈타인도. 어쩌면 독자 중 누군가가 자율 주행차를 타고 사과 과수원을 돌아다니다가 중력이 정말로 어떻게 작용하는지 발견하게 될지도 모른다. 그러는 동안에는 우리는 가지고 있는 사실에 기반해 이해해야 한다. 우리가 아는 범위에서는 암흑 물질은 그냥 보이지 않는 물질이 아니다.

암흑 물질은 뭔가 다른 어떤 것이다.

걱정 마시라. 밤중에 조심스럽게 화장실에 가다가 암흑 물질 덩어리에 머리를 부딪칠 일은 없을 것이다. 학교에서 복잡한 복도를 지나 다른 교실로 가는 길에 암흑 물질 더미에 걸려 넘어지는 일도 없을 것이다. 과학을 잘 모르는 친구에게 이 사고를 핑계로 사용할 수는 있겠지만. 암흑 물질은 은하와 은하단에 살고 있다. 달이나 행성 같은 작은 천체에서는 아무런 효과도 볼 수 없다. 지구의 중력은 우리 발아래에 있는 물질로 모두 설명된다. 적어도 여기에서는 뉴턴이 맞다.

그렇다면 암흑 물질은 무엇으로 이루어져 있을까? 암흑 물질에 대해서 우리가 아는 것은 무엇일까? 보통 물질은 모여서 분자와 작은 모래알에서 거대한 우주 바위까지 온갖 크기의 물체를 만든다. 암흑 물질은 그렇지 않다. 암흑 물질이 그랬다면 우리는 우주를 떠다니는 암흑 물질 덩어리를 발견했을 것이다.

암흑 물질 혜성, 암흑 물질 행성, 암흑 물질 은하가 있었을 것이다. 하지만 우리가 아는 한 현실은 그렇지 않다. 우리가 아는 것은 우주에서 우리가 사랑하게 된 물질 — 별과 행성과 생명의 재료 — 은 훨씬 더 크고 어두운 우주 케이크의 작은 장식품일 뿐이라는 것이다.

우리는 그것이 무엇인지 모른다. 하지만 암흑 물질이 필요하다는 것은 안다. 언제나 필요하다.

우주의 138억 년 역사에서는 눈 깜짝할 사이에 불과한, 빅뱅 이후 처음 50만 년 동안 우주의 물질은 이미 서로 뭉쳐 느슨한 덩어리를 만들기 시작했다. 이 덩어리들은 은하단이나 초은하단이 될 것이다. 우주는 다음 50만 년 동안 2배로 커졌고 이후 계속 커지고 있다. 이렇게 커지는 동안 두 효과가 서로 경쟁했다. 모든 것을 끌어당기는 중력과 모든 것을 흩어 놓는 우주의 팽창이다.

보통 물질의 중력만으로는 이 전투에서 이길 수 없다. 암흑 물질에서 나오는 중력이 더해져야 한다. 이 중력이 없었다면 우리는 아무런 구조도 없는 우주에서 살고 있을 것이다.

은하단도, 은하도, 별도, 행성도, 사람도 없는 우주.

암흑 물질이 없으면 우리는 여기에 있지 못한다.

☆彡

그러니까 암흑 물질은 우리의 친구이자 적이다. 우리는 그것이 무엇인지 모르고, 그 점은 우리를 괴롭힌다. 하지만 우리에게 암흑 물질은 반드시 필요하다. 과학자들은 이해하지 못하는 아이디어에 의존해야만 할 때마다 불편함을 느낀다. 하지만 그래야만 한다면 그렇게 한다. 그리고 우리 과학자들이 필요로 하는 의문의 무언가는 암흑 물질 말고도 더 있다.

예를 하나 들어 보자. 19세기에 과학자들은 태양에서 나오는 에너지를 측정해 태양이 계절과 기후 변화에 미치는 효과를 알아냈다. 그들은 태양이 우리를 따뜻하게 해 주고 생명체에 필요한 에너지를 제공한다는 것을 알았다. 하지만 마거릿 버비지라는 여성과 그의 동료들이 알아내기 전에는 태양이 실제로 어떻게 작동하는지 전혀 몰랐다. 버비지 이전에는 태양은 과학자들에게 암흑 물질

태양은 어떻게 빛나나?

우리 태양과 같은 별은 거대한 기체 구름에서 시작되었다. 중력이 이 구름을 수축시켜 점점 더 작고 점점 더 뜨겁게 만들었다. 어떤 기체 구름은 수축을 멈추고 거대하고 빛나는 덩어리로 안정된다. 하지만 우리 태양을 만든 것과 같은 구름은 아주 커서 열핵 융합 반응이라고 하는 과정을 시작하게 된다. 중심부에 있는 수소 분자가 서로 충돌하고 융합해 에너지를 방출한다. 이 작은 충돌에서 나온 에너지는 중력에 맞서서 구름이 더 수축하는 것을 막고 태양을 빛나게 하는 에너지를 제공해 준다.

만큼이나 미스터리였다. 몇몇 과학자는 태양이 불타는 석탄이라고 주장했다.

암흑 물질은 이상한 아이디어지만 사실에 기반한 것이다. 우리는 베라 루빈과 프리츠 츠비키의 연구, 그리고 우리가 지금도 관측하고 있는 사실에 기반해 암흑 물질이 있다고 가정한다. 암흑 물질은 과학자들이 최근에 발견한 멀리 있는 행성만큼이나 실재하는 것이다. 과학자들은 태양계 밖에 존재하는 이 외계 행성들을 한번도 보거나 만지거나 느껴 보지 못했다. 하지만 과학은 보는 것이 전부가 아니다. 우리의 눈보다 더 강력하고 민감한 기기를 이용해 보이지 않는 효과를 관측하는 것도 과학이다. 우리는 행성이 돌고 있는 별을 연구할 수 있는 놀라운 기기를 이용해 외계 행성이 실재한다는 것을 안다. 이 별을 관측해 행성이 존재한다는 분명한 증거를 찾아낸다.

일어날 수 있는 가장 나쁜 일은 암흑 물질이 물질이 아니라 다른 뭔가로 이루어져 있다는 사실을 발견하는 것이다. 혹시 다른 차원에서 오는 힘의 효과를 보고 있는 것은 아닐까? (우리의 잃어버린 양말도 그곳에 있는 건 아닐까?) 우리 옆에 있는 유령 우주에 존재하는 보통 물질의 중력을 느끼고 있는 것은 아닐까? 만일 그렇다면 이 우주는 더 큰 다중 우주의 무한히 많은 우주 중 하나에 불과할지도 모른다. 지구도 무한히 많을 수 있다. 여러분도 무한히 존재할지도 모른다.

믿기 어려운 이야기다. 하지만 이것이 지구가 태양의 주위를 돈다고 처음으로 주장한 것보다 더 믿기 어려울까? 당시에는 모든 사람이 지구가 우주의 중심이라고 생각했다. 그들은 하늘이 기본적으로 큰 지붕이라고 생각했다. 이제 우리는 알고 있다. 태양은 우리 은하에 있는 1000억 개의 별 중 하나라는 사실을. 우리 은하는 우주에 있는 1000억 개의 은하 중 하나라는 사실을. 우리의 고향 행성은 우리가 한때 생각했던 것만큼 그렇게 특별한 곳이 아니다. 우리는 지구에 대해서 잘못 알고 있었고, 어쩌면 암흑 물질에 대해서도 잘못 알고 있을지 모른다.

몇몇 과학자는 암흑 물질이 우리가 아직 발견하지 못한 유령 같은 입자로 이루어져 있다고 주장한다. 이들은 입자 가속기라고 하는 거대한 기계로 지구에서 암흑 물질을 만들어 보려고 시도하고 있다. 또 다른 과학자들은 깊은 땅속에 실험실을 만들었다. 암흑 물질 입자가 우주를 돌아다니고 그중 일부가 지구를 지나간다면 이 땅속 실험실에서 관측할 수 있어야 한다. 아마 이 말도 믿기 어려울 것이다. 하지만 과학자들은 유령과 같은 작은 입자인 중성미자(nutrino, 뉴트리노)에 대해서 비슷한 성과를 거둔 적이 있다.

1930년대에 과학자들이 원자를 이해하려고 노력하는 과정에서 몇몇 선구적인 이론가가 질량이 없거나 거의 없는 작은 입자에 대한 아이디어를 떠올렸

세계에서 가장 큰 원자 충돌기의 일부인 이런 거대 지하 관측 장비를 이용해 과학자들은 암흑 물질의 비밀을 연구하고 있다.

다. 처음에는 이 입자에 대한 직접적인 증거가 전혀 없었다. 하지만 어떤 원자는 알 수 없는 방법으로 에너지를 방출하고 있었고, 몇몇 과학자들은 이 알 수 없는 입자가 원자에서 질량을 뽑아내어 운반하는 범인이라고 주장했다. 비록 직접적인 증거는 없었지만 과학자들은 물질과 아주 드물게 상호 작용하는 입자인 중성미자의 존재를 예측했다. 그리고 몇십 년 후 다른 과학자들이 이런 입자가 실재한다는 증거를 발견했다. 이후 중성미자는 다른 실험에서도 추적되고 발견되었다. 태양에서 나오는 중성미자가 엄지손톱만 한 면적당 1초마다 1000억 개씩 여러분을 관통해 지나간다. 하지만 아무 일도 일어나지 않는다.

　　과학적인 추정에서 시작해 받아들이기 어려운 방법으로 설명한 것이 사실로 밝혀졌다. 아마도 중성미자를 발견했던 것처럼 암흑 물질을 발견할 방법을 찾을 수 있을 것이다. 아니면 더 놀랍게도 암흑 물질 입자는 완전히 다른 어떤 것이어서 우리가 아직 발견하지 못한 새로운 힘을 사용하고 있다는 사실을 발견할지도 모른다.

지금으로서는 우리는 암흑 물질을 우주의 이상한 행동을 설명하는 데 사용하는 이상하고 보이지 않는 친구로 여기는 데 만족해야 한다. 암흑 물질만으로도 호기심 많은 천문학자가 연구해야 할 것은 충분히 많다. 그런데 풀리지 않은 우주의 미스터리는 암흑 물질만이 아니다. 풀어야 할 매력적인 문제가 또하나 있다.

6.

암흑 에너지

나는 어릴 때 마이티 마우스라는 만화 캐릭터에 푹 빠졌다. 그는 설치류였지만 항상 세상을 구하고, 멋진 오페라 가수 같은 목소리를 가지고 있었다. 이 작은 친구는 노래도 잘했고, 우람한 가슴에, 엄청나게 강했고, 무엇보다 날 수도 있었다.

호기심 많은 아이였던 나는 마이티 마우스가 정확하게 어떻게 하늘을 날 수 있는지 궁금해서 견딜 수가 없었다. 그는 날개도 없고 벨트에 프로펠러나 제트 엔진을 숨기고 있지도 않았다. 하지만 망토는 있었다. 당시 또 다른 날아다니는 유명한 영웅이었던 슈퍼맨도 망토를 입고 있었다. 그게 비결일까? 날 수 있는 능력이 정말로 무엇을 입느냐에 달린 것일까?

나는 곧 이론을 하나 세웠다. 망토는 사람과 생쥐에게 비행 능력을 준다.

당시 나는 아직 과학자는 아니었지만 과학자처럼 생각하기 시작했다. 과학은 이론에만 의존하지 않는다. 이론은 검증이 필요하다. 그래서 나의 아이디어를 검증하기 위한 실험을 계획했다. 나는 망토를 찾아서 목에 두르고 최대한 멀리 뛰어 보았다.

나는 망토의 도움을 받아서 뛴 거리를 측정했다.

그러고는 망토를 벗고 다시 뛰어서 그 거리도 측정했다.

아무런 차이가 없었다.

망토를 입고 뛰어도 전혀 더 멀리 나가지 않았다. 날지 못한 게 분명했다. 하지만 나는 소중한 것을 배웠다. 과학 이론은 실험에서 모인 증거와 일치해야 한다는 것이었다. 그렇지 않다면 수정되거나 아이디어의 쓰레기통으로 버려져야 한다. 망토가 생쥐와 사람을 날 수 있게 한다는 나의 가설은 실험 결과와 일치하지 않았다. 그래서 나는 내 이론을 포기하고 정상적인 삶을 살았다. 다른 사람들과 마찬가지로 하늘을 날 때는 비행기라고 불리는 큰 기계를 사용하면 된다는 사실을 배우면서.

하지만 가끔은 너무나 황당해 보이는 이론이 실험적인 검증을 통과하기도 한다. 알베르트 아인슈타인은 실험실에 발을 들여놓은 적이 거의 없다. 그는 순수한 이론 과학자였다. 자연이 작동하는 방법에 대한 아이디어를 개발하는 과학자 말이다. 그는 '사고 실험'을 완벽하게 했다. 상상력으로 문제를 푸는 것이다.

예를 들어 아인슈타인은 열여섯 살 때 빛과 나란하게 달린다면 어떻게 될까를 궁금해했다. 물론 이것은 불가능하다. 우주의 제한 속도에 대해서는 이미 이야기했다. 하지만 이 이상한 아이디어에 대한 생각만으로도 아인슈타인은 몇 년간 바빴고, 결국에는 그의 가장 큰 성공으로 이어졌다.

아인슈타인과 같은 이론 과학자는 세상이 어떻게 작동하는지에 대한 모형을 만든다. 이 모형을 이용해 예측을 할 수 있다. 실험 과학자 — 첨단 기기로 자연을 연구하는 과학자 — 가 예측과 증거 사이의 불일치를 발견하면 모형은 깨진다. 내가 어릴 때 만든 비행 '모형'은 망토가 사람과 생쥐를 공중에 뜨게 만든다는 것이었다. 그리고 나는 그 모형을 검증했다. ― 첨단 기기는 필요 없었다. ― 그리고 이론과 증거 사이의 불일치를 발견했다. 나는 실망했지만 과학자는 대체로 다른 연구자의 모형에서 이런 오류를 발견하면 아주 흥분한다. 우리는 다른 사람의 숙제에서 실수를 발견하기를 좋아하는 사람들이다.

아인슈타인은 가장 강력하고 가장 획기적인 이론 모형을 개발했다. 일반 상대성 이론이다. (이것을 GR(general relativity)라고 부르면 내부자가 된 것이다.) 이 모형은 우주에 있는 모든 것이 중력의 영향으로 어떻게 움직이고 중력이 공간의 모양을 어떻게 만드는지 자세히 알려 준다. 일반 상대성 이론은 과학자들이 지금도 검증하고 있는 예측들을 하고 있다.

아인슈타인의 모형은 두 블랙홀들이 충돌할 때 우주를 가로질러 이동하는 중력파의 형태로 에너지가 방출되어야 한다고 예측한다. 물을 가로질러 움직일 때 파도가 생기는 것처럼 이 충돌은 공간 자체에 물결을 만들어 낸다. 그리고 과학자들은 멀리서 오래전에 일어난 충돌로 만들어진 중력파가 지구를 쓸고 지나가는 것을 관측해 아인슈타인이 옳다는 것을 증명했다.

몇 년에 한 번씩은 실험실의 과학자들이 아인슈타인의 이론을 검증할 수 있는 더 나은 실험을 개발해 낸다. 그리고 매번 아인슈타인이 옳았음을 보여준다. 아인슈타인은 그저 반에서 가장 똑똑한 아이 수준이 아니었다. 그는 역사상 가장 똑똑한 사람 중 하나였다.

하지만 그조차도 실수를 할 수 있다.

그의 시대 사람들은 아인슈타인이 틀렸다는 것을 증명하기를 원했다. 그의 연구는 뉴턴의 아이디어에 도전하는 것이었고 과학계의 일부 사람들은 그것을 별로 좋아하지 않았다. 그중 일부는 1931년에 『아인슈타인의 이론을 부정하는 100명의 저자(*One Hundred Authors against Einstein*)』라는 책을 공동으로 출판했다. 아인슈타인은 이 이야기를 듣고는 만일 자신이 틀렸다면 저자는 한 명만으로도 충분하다고 대답했다.

일반 상대성 이론은 중력에 대한 이전의 모든 생각과 근본적으로 달랐다. 일반 상대성 이론에 따르면 무거운 물체는 주위의 공간을 실제로 휘어지게 해 시공간의 구조에 왜곡을 일으킨다.

사과와 같이 질량이 작은 물체는 효과가 거의 없다. 행성이나 별과 같이 큰 물체는 공간을 많이 왜곡시켜 직선들이 구부러진다. 나의 스승님 중 한 분으로 20세기 미국 이론 물리학계의 거장인 존 아치볼드 휠러는 이렇게 말했다. "물질은 공간에게 어떻게 휘어져야 하는지 알려 주고 공간은 물질에게 어떻게 움직여야 하는지 알려 준다."

아인슈타인으로 인해 정의된 이 새로운 방식에서 중력은 단순히 물질에만 영향을 주지는 않는다. 중력은 공간 자체를 휘어지게 하기 때문에 빛조차도 중력의 영향으로 직선이 아니라 무거운 물체 주변의 휘어진 경로를 따라 휘어져야 한다. 아인슈타인의 모형에는 두 종류의 중력이 설명되어 있다. 하나는 익숙한 것이다. 지구와 공중으로 던져진 공 사이의 인력, 혹은 태양과 행성 사이의 인력이다. 하지만 일반 상대성 이론은 또 다른 효과도 예측했다. 미지의 반중력 압력이다.

오늘날 우리는 우주가 팽창하고 있다는 것을 안다. 우리의 은하들은 서로 점점 더 멀리 흩어진다. 하지만 아인슈타인의 시대에는 우리 우주가 단순히 존재하는 것 이외의 다른 뭔가를 한다는 생각은 누구도 하지 못했다. 아인슈타인조차도 우주는 커지지도 작아지지도 않고 안정되어 있으리라 생각했다. 하지만 그의 우주 모형은 우주가 팽창하거나 수축해야 한다는 힌트를 보여 주었다. 그는 그럴 리가 없다고 생각했다. 그래서 그는 우주 상수(cosmological constant)

라고 불리는 항 하나를 추가했다.

우주 상수의 역할은 아인슈타인의 모형에서 중력에 반대되는 일을 하는 것이다. 중력이 우주 전체를 하나의 거대한 덩어리로 끌어당긴다면 우주 상수는 밀어내는 역할을 한다.

단, 한 가지 문제가 있었다.

자연에 이런 힘이 있다는 것을 아무도 관측하지 못했다는 것이다.

그러니까 아인슈타인은 속임수를 쓴 셈이다.

☆彡

아인슈타인이 자신의 이론을 제안한 지 13년 후에 미국의 천문학자인 에드윈 허블이 우주는 가만히 있지 않다는 사실을 발견했다. 허블은 멀리 있는 은하들을 연구하고 있었다. 허블은 더 멀리 있는 은하일수록 우리 은하에서 더 빠르게 멀어지고 있다는 확실한 증거를 발견했다.

다시 말해서 우주는 팽창하고 있었다.

그 결과를 듣고 아인슈타인은 당황했다. 그는 이것을 예측했어야 했다. 그는 우주 상수를 집어던지며 그것을 자기 인생의 "가장 큰 실수"라고 말했다. 하지만 이야기는 여기서 끝나지 않는다. 몇십 년 동안 수시로 이론 과학자들이 우주 상수를 되살리곤 했다. 그들은 이 미지의 반중력 힘이 실제로 존재한다면 우주가 어떻게 보일지 되물었다.

1998년, 과학은 아인슈타인의 가장 큰 실수를 무덤에서 완전히 되살려 냈다.

그해 초, 경쟁하던 두 천문학자 팀이 놀라운 발표를 했다. 두 팀은 초신성이라고 하는 폭발하는 별을 관측했다. 천문학자들은 초신성들이 어떻게 행동해야 하는지, 얼마나 밝아야 하는지, 그리고 얼마나 멀리 있어야 하는지 알고 있이 폭발하는 별 초신성 1987A는 천문학계에는 하나의 축복이었다. 이와 같은 별들이 우주가 팽창한다는 사실을 알 수 있게 해 주었다.

었다.

그런데 이 초신성들은 달랐다.

이들은 예상보다 더 어두웠다.

두 가지 설명이 가능했다. 이 초신성들은 특별히 천문학자들이 그동안 연구해 왔던 다른 폭발하는 별과 다르거나, 아니면 과학자들의 예상보다 더 멀리 있다는 것이었다. 만일 이들이 우리 예상보다 더 멀리 있다면 우리의 우주 모형이 뭔가 잘못되었다는 말이었다.

허블의 연구는 우주가 팽창한다는 것을 보여 주었고, 이 초신성들은 우주가 우리 예상보다 더 빠르게 커진다고 주장하고 있었다. 그리고 아인슈타인의 가장 큰 실수였던 우주 상수 없이 이 빠른 팽창을 쉽게 설명할 수 있는 방법은 없었다. 천문학자들이 먼지를 털고 우주 상수를 아인슈타인의 일반 상대성 이론으로 다시 가지고 오자 관측된 우주는 그의 예측과 일치했다.

초신성들이 원래 있어야 할 자리에 있었다.

결국 아인슈타인이 맞았던 것이다.

그는 스스로 틀렸다고 생각할 때조차도 맞았다.

점점 빨라지는 초신성의 발견은 우주 전체에 중력과 싸우는 이상한 새로운 힘이 작동하고 있다는 첫 번째 직접적인 증거다. 우주 상수는 존재했고 이제 새로운 이름이 필요했다. 지금은 이것을 '암흑 에너지'라고 부른다.

지금까지 가장 정확한 관측에 따르면 암흑 에너지는 이 동네에서 가장 눈에 띄는 것이다. 우주는 물질과 에너지의 결합으로 이루어져 있다. 우주의 모든 물질과 에너지를 더해 보면 암흑 에너지가 현재 전체의 68퍼센트를 차지한

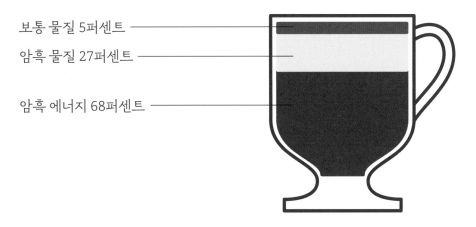

보통 물질 5퍼센트

암흑 물질 27퍼센트

암흑 에너지 68퍼센트

핫 코코아 우주: 휘핑크림과 계핏가루가 얹힌 핫 코코아 한 컵. 코코아 68퍼센트, 휘핑크림 27퍼센트, 계핏가루 5퍼센트.

다. 암흑 물질은 27퍼센트를 차지하고 있다. 보통 물질은 겨우 우주의 5퍼센트 밖에 되지 않는다.

　우리가 보고 느끼고 냄새 맡는 보통 물질은 우주의 극히 일부일 뿐이다.

그러면 이 미지의 힘은 뭘까? 아무도 모른다. 많은 사람이 가장 가까이 추정하고 있는 것은 암흑 에너지는 진공에서 만들어진다는 것이다. 4장에서 우리는 은하 사이 공간의 위험뿐만 아니라 텅 빈 우주의 사막처럼 보이는 이곳에서 일어나는 활발한 현상들에 대해서도 이야기했다. 입자와 반입자가 나타났다가 서로를 파괴하며 사라진다. 이 과정에서 약간의 밀어내는 압력이 만들어진다. 전체 우주에서 일어나는 이 작은 힘들을 모두 더하면 암흑 에너지가 될 만큼 충분한 힘이 될 것이다.

　이것은 합리적인 생각이다. 그런데 이 '진공 압력'을 전부 측정해 보니 그 결과는 어처구니없이 컸다. 우리가 측정한 전체 암흑 에너지보다 훨씬 더 컸다. 나의 마이티 마우스 실험을 제외하면 이것은 과학 역사에서 이론과 관측의 차이가 가장 큰 사례가 될 것이다. 그러니까 '진공 압력'은 암흑 에너지의 원천이 될 수 없다.

그렇다. 우리는 대책이 없다.

하지만 전혀 없지는 않다. 암흑 에너지는 여전히 우리가 지금까지 만들어 낸 가장 훌륭한 우주 모형인 아인슈타인의 일반 상대성 이론에서 나타난다. 바로 우주 상수다. 암흑 에너지가 무엇으로 밝혀지든 우리는 그것을 어떻게 측정하는지 이미 알고 있다. 우리는 암흑 에너지가 우주의 과거, 현재, 미래에 어떤 효과를 미치는지 예측하는 방법을 알고 있다.

그리고 사냥은 시작되었다. 우리는 암흑 에너지가 존재한다는 것을 알고 있고, 여러 천문학자의 팀이 그 비밀을 찾으려고 경쟁하고 있다. 그들이 성공할 수도 있고, 아니면 우리는 일반 상대성 이론의 대안이 필요할 수도 있다. 암흑 에너지에 대한 이론이 미래에 태어날 어떤 똑똑한 사람이 자신을 발견하기를 기

대책이 없다는 것이 좋은 이유

지금쯤은 여러분은 아마 내가 "대책이 없다."는 말을 여러 번 사용하고 있다는 사실을 알아차렸을 것이다. 사람들은 흔히 과학자들은 오만하고 언제나 확신에 차 있다고 생각한다. 하지만 우리는 우주가 우리를 곤란하게 만드는 것을 좋아한다. 우리는 대책이 없는 상황을 좋아한다. 이런 상황은 우리를 정말로 흥분시킨다. 이것이 우리를 매일같이 일하도록 만들어 주는 원동력이다. 과학자는 모른다는 사실을 받아들이는 것을 배운다. 만일 모든 것을 안다면 할 일이 아무것도 없게 된다. 그러면 그냥 집에 가야 한다.

다리고 있을 수도 있다. 혹은 그 미래의 천재가 지금 바로 이 책을 읽고 있을지도 모른다.

7.

내가 가장
좋아하는 원소들

중학교 때 나는 원소들의 주기율표에 대해서 내가 생각하기에는 간단한 질문을 선생님께 한 적이 있었다. 우리는 많은 과학실 벽에 주기율표가 걸려 있는 모습을 볼 수 있다. 얼핏 봐서는 아주 복잡한 보드게임으로 쉽게 오해할 수 있다. 하지만 그건 게임이 아니다. 주기율표는 118개의 모든 원소, 그러니까 우주에 있는 원자의 종류에 대해서 알려 준다.

어쨌든, 나는 선생님께 이 원소들이 어디에서 왔는지 물어보았다.

지구의 표면에서라고 선생님이 대답하셨다.

나는 그 말을 인정했다. 원소가 있는 학교 실험실은 분명히 지구 표면에 있으니까. 하지만 나는 그 대답에 만족하지 못했다. 나는 원소가 어떻게 지구 표면으로 오게 되었는지를 알고 싶었다. 그렇다. 나는 그런 아이였다. (아직도 그렇다.) 그리고 나는 그 답이 천문학과 관계가 있으리라 추측했다. 원소는 분명 우

원소 주기율표

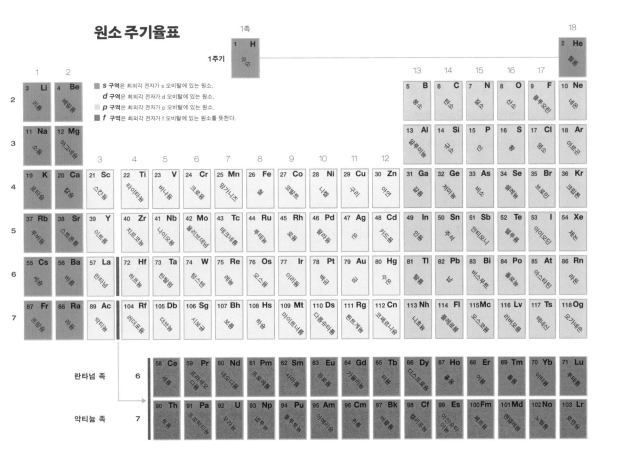

주에서 왔을 것이다. 하지만 이 질문에 대답하기 위해서 정말로 우주의 역사를 알아야만 할까?

그렇다. 알아야 한다.

보통의 물질은 양성자, 중성자, 전자로 이루어져 있다. 양성자와 중성자는 원자핵이라고 부르는 곳에 모여 있다. 전자는 원자핵의 바깥을 돌고 있다. 이들을 모두 합쳐서 원자라고 부른다. 원소는 같은 종류의 원자 하나 혹은 여러 개를 말한다. 원자는 같은 종류의 입자를 같은 수만큼 가지고 있다. 모든 원자 중 가장 단순한 원자는 수소다. 수소는 하나의 양성자와 하나의 전자만을 가지고 있다. 수소 원자가 하나 혹은 여러 개가 모여 있으면 수소 원소가 된다.

수소는 빅뱅에서 자연적으로 만들어진 ― 실험실에서 실험으로 만들어지지 않은 ― 세 종류밖에 없는 원소 중 하나다. 나머지는 온도가 높은 별의 중심과 폭발하는 별의 잔해에서 만들어졌다. 주기율표는 이 원소들의 안내자로서 과학에 아주 중요한 부분이다. 가끔은 과학자들조차도 주기율표가 어린이 책 작가 닥터 수스가 만들어 낸 말도 안 되게 이상하고 신기한 동물이 모인 동물원 같다고 생각할 때가 있다. 실제로 이 원소들은 믿을 수 없을 정도로 이상하다.

버터 칼로도 자를 수 있는 독성 금속 소듐(Na)이 있다. 냄새나는 치명적인 기체인 염소(Cl)도 있다. 주기율표는 이 두 위험한 원소가 하나의 분자로 결합할 수 있다고 말해 준다. 그런데 이 둘을 결합하면 소금이라고 더 잘 알려진 염화소듐(NaCl)이 된다.

수소와 산소는 어떤가? 수소는 폭발성 기체고 산소는 물질이 타는 것을 도와준다. 불에 산소를 넣어 주면 격렬하게 타오른다. 그런데 주기율표는 이 둘이 서로 짝을 지을 수 있다고 말해 준다. 수소와 산소가 결합하면 불을 끄는 물이 된다.

주기율표는 놀라움으로 가득 차 있다. 우리는 원소를 하나씩 살펴보며 많은 이상하고 놀라운 성질을 알아볼 수 있다. 하지만 지금쯤이면 아마도 짐작했겠지만 나는 별에 더 초점을 맞추고 싶다. 그러니 천문학자의 눈으로 주기율표를 살펴보는 것을 허락해 주기 바란다.

우주에서 가장 인기 있는 원소

수소

가장 가볍고 단순한 원소인 수소는 모두 빅뱅에서 만들어졌다. 자연에 존재하는 94개의 원소 중 수소가 가장 많다. 사람 몸에 있는 3개의 원자 중 2개가 수소다. 전체 우주에 있는 10개의 원자 중 9개가 수소다. 매일 1초에 45억 톤의 빠르게 움직이는 수소 입자가 태양의 뜨거운 핵에서 서로 충돌하고 있다. 이 충돌로 태양을 빛나게 하는 에너지가 만들어진다.

부통령

아마도 헬륨에 대해서는 생일 파티에서의 역할 때문에 알고 있을 것이다. 헬륨 기체는 수소만큼 가볍다. 하지만 앞에서도 말했지만 수소는 엄청나게 폭발성이 높다. 수소가 채워진 풍선은 유치원 생일 파티에는 너무나 위험하다. 만일 풍선 하나가 생일 촛불 위로 날아간다면 선물을 풀어 볼 사람이 아무도 남아 있지 않을 것이다. 그래서 우리는 헬륨으로 풍선을 채우고, 그 이상한 기체를 마시고 말을 하면 미키 마우스처럼 들린다.

헬륨

헬륨은 우주에서 두 번째로 단순하고 두 번째로 흔한 원소이기도 하다. 수소처럼 헬륨도 빅뱅 동안에 만들어졌다. 그런데 별도 헬륨을 만든다. 헬륨은 수소만큼 많지는 않지만, 그래도 우주에 있는 다른 원소를 모두 합친 것보다 4배나 더 많다.

불쌍한 잔해

3개의 양성자를 가진 리튬(Li)은 우주에서 세 번째로 단순한 원소다. 수소와 헬륨처럼 리튬도 빅뱅 동안에 만들어졌다. 그리고 리튬은 과학자가 빅뱅 이론을 검증하는 데도 도움을 준다. 빅뱅 모형에 따르면 리튬은 우주 어디에서도 100개의 원자 중에 1개 이상

리튬

있을 수 없다. 지금까지 누구도 이 상한선보다 많은 리튬을 가진 은하를 발견한 적이 없다. 우리의 예측과 우리가 망원경으로 보는 것이 일치함은 우주가 정말로 빅뱅으로 시작되었다는 증거를 더해 준다.

생명을 주는 원소들

탄소

탄소 원소는 거의 어디에서나 발견된다. 탄소는 별의 내부에서 만들어져 별의 표면으로 나와서 은하로 방출된다. 탄소로는 다른 어떤 원소보다 더 많은 분자를 만들 수 있다. 탄소는 작은 식물과 벌레에서부터 거대한 코끼리와 인기 연예인까지 우리가 아는 생명체의 핵심 재료다. 가수이자 배우인 셀레나 고메즈도 탄소 기반 생명체다.

그런데 우리가 모르는 형태의 생명체는 어떨까? 우주 어딘가에 탄소와 산소가 아닌 무언가로 만들어진 외계 생명체가 있다면 어떨까? 규소(Si)에 기반한 생명체는 어떨까? SF 작가들은 규소 기반 외계 생명체 이야기를 만들어 내기를 좋아한다. 다른 행성의 생명체는 어떻게 생겼을지 이해하려고 하는 과학자인 우주 생물학자들은 이 가능성을 고려했다. 하지만 결국에는 생명체가 대부분 탄소로 만들어졌을 것이라고 기대하고 있다. 우주에는 규소보다 탄소가 훨씬 더 많기 때문이다.

무거운 원소들

타이타늄

알루미늄(Al)은 우리 행성의 불타는 중심부를 둘러싼 두꺼운 껍질인 지구 지각의 많은 부분을 차지하고 있다. 과학자들은 알루미늄에 대해서 모르고 있었다. 개인적으로 나는 이 원소를 좋아한다. 잘 닦인 알루미늄은 거의 완벽한 거울로 사용될 수 있기 때문이다. 망원경은 내부에 빛을 확대하고 초점을 모아 천문학자들이 멀리 있는 천체를 더 잘 볼 수 있도록 해 주는 거울을 가지고 있다. 오늘날 거의 모든 망원경이 거울 코팅에 알루미늄을 쓴다.

또 다른 무거운 원소인 타이타늄(Ti)의 이름은 그리스 신화의 강력한 신

타이탄에서 온 것이다. 타이타늄은 알루미늄보다 2배 더 강하고 전투기, (인공 팔과 인공 다리 같은) 보철물, 라크로스 스틱의 막대 등에 사용된다. 이 원소 역시 천문학자의 좋은 친구다.

　　우주의 많은 장소에서 산소는 탄소보다 많다. 둘 다 혼자 있기를 좋아하지 않기 때문에 탄소 원자는 자유로운 산소 원자와 결합한다. 그런데 모든 탄소가 하나 혹은 두 개의 산소를 발견한 후에도 다른 원소와 결합할 수 있는 산소가 남아 있다. 산소가 타이타늄과 결합하면 산화타이타늄(TiO)이 된다. 천문학자들은 어떤 별에서 소량의 산화타이타늄을 발견했다. 최근에는 한 천문학자 팀이 산화타이타늄으로 둘러싸인 새로운 행성을 발견했다. 우리는 망원경의 부품을 산화타이타늄을 함유한 흰색 페인트로 칠하기도 한다. 별과 다른 천체에서 오는 빛을 더 뚜렷하게 보는 데 도움을 주기 때문이다.

스타 킬러

철은 우주에서 가장 흔한 원소는 아니지만, 가장 중요한 원소일 수는 있다. 무거운 별 내부에서는 작은 원소가 계속해서 서로 충돌하고 결합하고 있다. 수소 원자는 서로 충돌해 헬륨이 된다. 이후에는 탄소, 산소, 그리고 다른 원소가 만들어진다. 결국에는 내부의 원소가

철

핵에 26개의 양성자와 최소한 그만큼의 중성자를 가지고 있는 철을 만들 정도로 충분히 커진다. 양성자 하나밖에 없는 수소와 비교하면 엄청나게 큰 것이다.

　　철에 들어 있는 양성자와 중성자는 원소 중에서 가장 비활동적이다. 그런데 이것은 아주 간단하고도 흥미로운 결과를 가져온다. 이들은 비활동적이기 때문에 에너지를 흡수한다. 일반적으로 원자를 쪼개면 원자는 에너지를 방출한다. 두 원자를 합쳐서 새로운 원자를 만들 때도 마찬가지다.

그런데 철은 다른 아이들과 같지 않다.

철 원자를 쪼개면 원자는 에너지를 흡수한다.

철 원자를 합치면 역시 에너지를 흡수한다.

별은 에너지를 만드는 일을 한다. 예를 들어 우리 태양은 태양계를 강력한 광자로 채워 주는 에너지 공장이다. 그런데 질량이 큰 별이 중심부에서 철을 만들기 시작하면 죽음에 다가가고 있다는 뜻이다. 철이 많다는 것은 에너지가 적다는 것을 의미한다. 에너지원이 없으면 별은 자신의 무게 때문에 붕괴하며 폭발해 1주일 넘게 태양 수십억 개보다 밝게 빛난다. 철 덕분에 별의 중심부에서 요리된 원소가 우주를 가로질러 이동해 더 많은 별과 행성의 씨앗이 된다.

공룡 파괴자

이리듐

이리듐(Ir)은 지구 표면에 드물지만, 우리 행성의 과거에 대한 증거를 제공해 주는 얇고 넓은 층을 이루고 있다. 6500만 년 전 에베레스트 산만 한 소행성이 지구와 충돌해, 결과적으로 작은 여행 가방보다 큰 모든 육상 동물을 멸종시켰다. 공룡 멸종에 대해서 여러분이 가장 좋아하는 이론이 무엇이든 간에 우주에서 날아온 거대한 킬러 소행성이 그 목록의 맨 위를 차지해야 한다.

이리듐은 큰 금속성 소행성에는 흔하다. 거대한 우주 암석이 지구와 충돌해 사라질 때 안에 있던 이리듐이 거대한 구름에서 빠져나왔다. 이 폭발로 이리듐 원자가 지구 전체에 흩어졌다. 오늘날 과학자들이 땅을 파고 6500만 년 전의 지구 표면을 연구하면 이 원소의 얇은 층이 지구 어디에나 퍼져 있다는 것을 발견하게 된다.

신들

주기율표에 있는 원소들 중 일부는 로마 신화의 신 이름을
딴 행성이나 소행성에서 이름을 가져왔다. 19세기 초 천
문학자들은 화성과 목성 사이에서 태양의 주위를 도는
2개의 천체를 발견했다. 그들은 첫 번째를 수확의 여신
이름을 따 세레스, 두 번째를 지혜의 여신 이름을 따 팔라스
라고 붙였다. 세레스가 발견된 후 처음으로 발견된 원소의 이름은 세륨(Ce), 팔
라스가 발견된 후 처음으로 발견된 원소의 이름은 팔라듐(Pd)이 되었다. 팔라
듐은 영화에서 토니 스타크가 아이언맨 슈트의 동력으로 사용하는 재료다. (미
안하지만 이건 완전한 허구다. 진짜 팔라듐은 무한에 가까운 에너지를 공급할 수 없다. 다
음 페이지의 플루토늄(Pu)이 더 그럴듯할 것이다. 하지만 이것도 방사능이 강해서 아이언
맨은 지구를 구하기 전에 심각한 병에 걸리거나 죽고 말 것이다.)

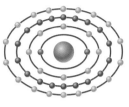

팔라듐

상온에서 액체 상태로 흐르는 은색 금속인 수은
(Hg)의 영어 이름 머큐리(mercury)는 로마 신화에서
전령의 신 이름을 딴 것이다. 토륨(Th)은 스칸디나비
아의 건장한 천둥의 신 토르 이름에서 왔다. 토르와
아이언맨이 그렇게 좋은 친구인 것은 당연하다. 그들은
원초적인 공통점을 가지고 있는 것이다.

내가 가장 좋아하는 행성인 토성은 (사실 내
가 제일 좋아하는 행성은 지구고 다음이 토성이다.) 대
응되는 원소의 이름이 없다. 하지만 모두 로마
신화의 신에서 이름을 따 온 천왕성(Uranus), 해
왕성(Neptune), 명왕성(Pluto)은 유명한 원소 이
름과 대응된다. 우라늄(U)은 전쟁에서 처음으로 사

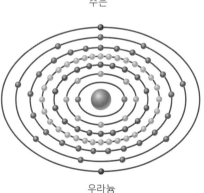

수은

우라늄

용된 원자 폭탄의 주원료였다. 태양계에서 해왕성이 천왕성 바로 뒤에 있는 것처럼 넵투늄(Np)도 주기율표에서 우라늄 바로 뒤에 있다.

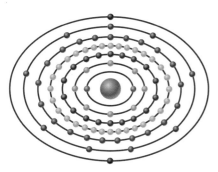
플루토늄

주기율표에서 다음 원소인 플루토늄은 자연에서 발견되지 않는다. 하지만 과학자들은 원자 폭탄에 사용할 수 있을 정도로 충분한 양의 플루토늄을 만드는 법을 알아냈다. 이 원자 폭탄은 미국이 일본 히로시마에 우라늄으로 만든 원자 폭탄을 떨어뜨린 3일 후에 나가사키 상공에서 폭발해 제2차 세계 대전을 빨리 끝냈다. 특정한 형태의 소량의 플루토늄은 앞으로 태양계의 외곽을 탐사하는 우주선의 연료로 사용될 것이다.

화학 원소 주기율표를 알아보는 우리 우주 여행은 태양계 바로 끝에서 끝난다. 나는 많은 사람이 화학 물질을 좋아하지 않는 이유를 잘 이해하지 못하겠다. 아마도 그냥 이름이 위험하게 들리기 때문일 것이다. 그렇다면 우리는 화학 물질이 아니라 화학자를 탓해야 한다. 개인적으로 나는 화학 물질을 아주 편안하게 생각한다. 내가 가장 좋아하는 별뿐만 아니라 내가 가장 좋아하는 친구도 모두 화학 물질로 이루어져 있기 때문이다.

8.

세상은 왜 둥글까

나는 햄버거를 먹을 때마다 토성이 생각난다. 그 음식 자체는 행성과 관련된 것이 아무것도 없다. 하지만 햄버거의 모양, 특히 위쪽 빵은 우주적이다. 그것은 나에게 우주가 얼마나 완벽하게 둥근 구를 좋아하는지, 그리고 이 둥근 천체가 회전하면서 어떻게 변하는지 생각나게 한다.

그 예가 토성이다. 이 거대한 행성은 지구보다 훨씬 빠르게 회전한다. 여러분의 하루는 24시간이다. 지구 위의 한 점, 예를 들면 여러분이 지금 앉거나 서 있는 지점이 24시간 만에 한 바퀴를 돌기 때문이다. 지구는 허리선인 적도에 있는 물체를 시속 1,600킬로미터로 움직이게 한다. 비행기의 속도는 시속 880킬로미터밖에 되지 않는다. 하지만 이 속도는 토성에는 비할 바가 못 된다. 내가 두 번째로 좋아하는 행성은 겨우 10시간 30분 만에 한 바퀴를 돈다. 그리고 토성은 지구보다 훨씬 더 크다. 그래서 그 시간에 한 바퀴를 돌기 위해서 토성의 적

내가 두 번째로 좋아하는 행성인 토성을 보라! 토성에서의 하루는 10시간 30분밖에 되지 않는다.

도는 시속 3만 5200킬로미터로 움직인다.

만일 지구가 그렇게 빨리 돈다면 학교에 있는 시간은 20분밖에 되지 않을 것이다. 하지만 여름 방학도 역시 짧아질 것이고, 사실 애초에 우리가 존재하지도 못했을 것이다.

빠르게 회전하는 물체는 납작해지는 경향이 있다. 예를 들어 지구는 완벽한 구가 아니다. 우리 행성은 북극과 남극을 연결하는 가상의 선을 중심으로

왜 산타클로스는 적도에서 휴가를 보내야 할까?

지구가 16배만 더 빠르게 회전하면 회전 목마를 탄 사람들을 바깥쪽으로 밀어내거나 물이 든 양동이를 돌릴 때 물이 쏟아지지 않게 하는 원심력이 적도에 있는 모든 것을 무중력 상태로 만들 것이다. 지금 지구의 회전 속도로도 뚱뚱한 산타클로스는 원심력 효과가 없는 북극보다 적도에서 0.45킬로그램 정도는 적게 나간다. 누구나 휴가지에서는 자신에 대해서 더 좋게 느끼기를 원한다. 활동하지 않는 시기에 산타클로스를 찾는다면 나는 적도에서 시작할 것이다.

회전한다. 북극에서 남극을 연결하는 선의 길이는 적도 위 한쪽 끝에서 반대쪽 끝을 연결한 선의 길이보다 짧다. 다시 말해서 지구는 양쪽 극이 약간 편평하다. 정말 약간이다. 그 차이는 약 42킬로미터밖에 되지 않는다.

더 빠르게 회전하는 물체일수록 더 편평해진다. 여기서 다시 햄버거로 돌아가게 된다. 토성은 시속 3만 5000킬로미터로 회전하기 때문에 극과 극이 좌우보다 10퍼센트 더 편평하다. 그 차이는 작은 아마추어용 망원경으로도 알아볼 수 있을 정도다. 완벽한 구와 거리가 먼 토성은 옆으로 넓고 위에는 편평한 빵이 덮여 있는 햄버거처럼 보인다.

우주는 구를 좋아한다. 결정체와 깨진 암석을 제외하고는 우주에 자연적으로 날카로운 각을 가지고 있는 것은 그렇게 많지 않다. 많은 물체가 특정한 모양을 가지고 있지만 둥근 물체의 목록은 단순한 비누 거품에서 은하와 그 너머까지 사실상 끝이 없다.

> **사소한 내용**
> 구가 편평해지면 편평 타원체가 된다. 지구는 편평 타원체이고 토성도 마찬가지다.

우주를 이끄는 물리 법칙은 다른 모양보다 구를 좋아한다. 예를 들면 표면 장력이 있다. 이 힘은 물체의 표면에 있는 물질을 서로 가까이 끌어당긴다. 비누 거품을 생각해 보라. 비누 거품은 비누와 물로 이루어져 있다. 그 안에는 공기가 갇혀 있다. 비누 거품을 만드는 액체의 표면 장력은 공기를 모든 방향에서 누른다. 그리고 거품이 만들어지는 짧은 순간에 최대한 작은 표면적으로 공기를 둘러싼다. 이렇게 되면 가능한 가장 강한 거품이 만들어진다. 거품이 꼭 필

요한 이상으로 더 퍼질 필요가 없게 되기 때문이다. 특정 부피를 둘러싸는 가장 작은 표면적을 갖는 모양은 완벽한 구다.

사실 화물 포장 상자와 상점의 음식 포장을 모두 구형으로 만든다면 연간 수십억 달러의 포장 재료가 절약될 것이다. 초대형 치리오스(미국의 시리얼 — 옮긴이) 상자의 내용물은 반지름 11센티미터짜리 구형 통에 충분히 들어갈 것이다. 하지만 선반에서 떨어져 굴러가는 포장된 음식을 쫓아다니기를 원하는 사람은 아무도 없을 것이다.

궤도를 도는 우주 정거장에서는 무중력 상태라 모든 것이 무게가 없기 때문에 정확한 양의 액체 금속을 부드럽게 짜내어 작은 구슬 형태로 공중에 떠 있게 할 수 있다. 이 구슬이 식으면 단단해지기 시작해 표면 장력이 완벽한 구형을 만들어 낸다.

지구에서 가장 높은 히말라야 산맥은 더 높아질 수 없다. 중력 때문에 무너질 것이다.

행성이나 별과 같이 큰 천체는 표면 장력이 상대적으로 덜 중요하다. 에너지와 중력이 이 천체를 구로 만든다. 중력은 나무에서 사과를 떨어지게 하거나 공간을 휘어지게 하는 일만 하지는 않는다. 중력은 물체를 모든 방향으로 끌어당겨 점점 더 작은 공간으로 수축하게 만든다. 하지만 중력이 항상 이기는 것은 아니다. 단단한 물체의 화학 결합은 강하다. 세계에서 가장 높은 히말라야 산맥은 지구의 중력을 이기고 솟아올랐다. 지각의 강력한 바위 때문이다.

지구의 높은 산에 놀라기 전에 다른 행성에 비하면 지구는 표면이 꽤 편평하다는 사실을 알아야 한다. 히말라야 산맥을 등반하는 작은 인간에게는 지구의 산들이 거대해 보일 것이다. 나 같은 도시 아이에게는 큰 언덕도 거대해 보인다. 여러분은 아마 지구를 멀리서 보면 거대한 산맥 때문에 울퉁불퉁해 보일 것으로 생각할 것이다. 하지만 우주의 물체로서의 지구는 아주 매끈하다. 만일 여러분이 어마어마하게 큰 손가락을 가지고 지구 표면(바다를 포함해 모든 곳)을 쓰다듬는다면 지구는 물놀이용 공만큼 매끈하게 느껴질 것이다. 지구의 산맥

분명 우리는 높은 산과 낮은
계곡을 가지고 있지만 우주에서
보면 지구는 완벽하게 매끈한 구로
보인다.

을 튀어나오게 표현한 지구본은 실제보다 훨씬 더 과장한 것이다. 지구는 양쪽 극이 편평하고 산과 계곡도 있지만, 우주에서 보면 완벽한 구로 보인다.

지구의 산도 태양계의 몇몇 다른 산에 비하면 보잘것없다. 화성에서 가장 높은 올림푸스 산(Olympus Mons)은 높이가 약 2만 미터고 그 너비는 약 480킬로미터다. 이것은 해발 6,194미터에 달하는 알래스카의 매킨리 산을 두더지가 쌓은 흙더미처럼 보이게 만든다. 에베레스트 산조차도 높이가 절반도 되지 않는다. 불공평하다고 생각하는가? 화성인은 왜 그렇게 운이 좋을까? 우주에서 산을 만드는 요리법은 간단하다. 표면의 물체에 미치는 중력이 약할수록 산은 더 높아질 수 있다. 에베레스트 산은 아래쪽 바위들이 산의 무게로 부서지지 않고 올라갈 수 있는 최대 높이 정도다. 더 높았다면 중력 때문에 무너졌을 것이다.

반면에 화성의 중력은 지구보다 훨씬 약하다. 몸무게 30킬로그램중인 초등학교 4학년 학생의 몸무게는 화성에서는 12킬로그램중밖에 되지 않는다. 중력이 약하기 때문에 산은 더 높아질 수 있고, 이것이 올림푸스 산이 그렇게 높은 이유다.

맑은 밤하늘을 수놓고 있는 별들도 역시 둥글다. 별은 중력 때문에 거의 완벽한 구를 이루고 있는 크고 무거운 기체 덩어리다. 하지만 중력이 강한 또 다른 천체에 별이 너무 가까이 가면 물질의 일부가 떨어져 나가기 시작한다. 이것은 한 쌍의 별이 서로의 중력 때문에 묶여 있는 쌍성에서 흔히 일어난다. 특히 둘 중 하나가 죽어 가는 거대한 별인 적색 거성일 때 잘 일어난다. 다른 하나의 별이 적색 거성에서 나오는 물질을 빨아들여 적색 거성을 허쉬 키세스 초콜릿 모양으로 찌그러트린다.

쌍성계에서 회전하는 중성자별이 죽어 가는 이웃인 빛나는 적색 거성의 물질을 빨아들이는 모습의 상상도.

이제 아주 이상한 것을 살펴보자.

약 1억 마리의 코끼리를 챕스틱 통 안에 집어넣는다고 생각해 보자.

이 밀도에 도달하려면 아주 어려운 일을 해야 한다. 원자에서는 양성자와 중성자가 중심부에 모여 있고 전자가 바깥을 돈다. 돌고 있는 전자와 단단하게 뭉쳐져 있는 원자 중심부 사이에는 빈 공간이 있다. 1억 마리의 코끼리를 챕스틱 통 안에 눌러 넣으려면 전자와 원자 중심부 사이의 빈 공간을 모두 압축해야 한다. 그렇게 하면 거의 모든 (음전하를 띤) 전자가 (양전하를 띤) 양성자 안으로 들어가서 (중성을 띤) 중성자 구가 만들어진다.

내가 가장 좋아하는 또 하나의 천체인 펄서(pulsar, 맥동 전파원의 약자이다.)가 등장했다. 펄서는 코끼리가 아니라 기체 구름에서 만들어졌지만 앞의 예만큼 밀도가 높고 말도 안 되게 강한 표면 중력을 가진다. 펄서에 산이 있다고 해도 그 높이는 종이 한 장의 두께만큼도 될 수 없다. 하지만 중력 때문에 이 작은 언덕을 오르는 데에는 지구에서 3,000킬로미터 높이의 절벽을 오르는 암벽 등반가보다 더 많은 에너지가 필요할 것이다.

우리는 펄서가 우주에서 가장 완벽한 구형이라고 생각한다.

이 중성자별은 '벨라'라는 이름의 펄서로 헬리콥터의 날개보다 빠르게 회전한다.

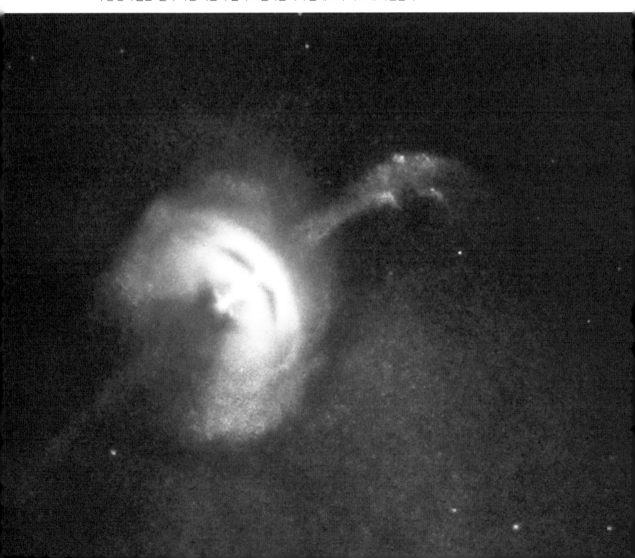

은하들은 은하단을 이루고 있는데 이 은하단의 모양은 아주 다양하다. 어떤 것은 누더기 같고, 어떤 것은 실처럼 가늘게 늘어져 있고, 어떤 것은 거대한 막을 형성하고 있다. 하지만 암흑 물질에 대한 장에서 만났던 아름다운 머리털자리 은하단은 아름다운 구를 이루고 있다.

머리털자리 은하단은 '이완된' 계이기도 하다. 은하들이 모여서 편안하게 감미로운 재즈 음악을 듣는 모습을 상상하지는 말기를 바란다. 여기서 '이완'이란 다른 의미다. 이것은 여러 의미를 가지는데, 그중 하나는 계에 속해 있는 은하들이 움직이는 속도와 방향을 연구해 계의 질량을 알아낼 수 있다는 것이다. 하지만 모든 물체를 볼 필요는 없다. 이 은하들을 추적해 과학자들은 얼마나 많은 보이지 않는 '암흑' 물질이 그 계에 있으며, 그 암흑 물질이 은하들의 움직임을 어떻게 바꾸는지 추정할 수 있다.

이것이 이완된 계가 암흑 물질을 연구하는 데 훌륭한 도구가 되는 이유다. 더 강한 주장을 해 보겠다. 이완된 계가 없었다면 우리는 암흑 물질이 우주 어디에나 있다는 사실을 알아내지 못했을 것이다.

☄

모든 것 중에서 가장 크고 완벽한 구는 관측 가능한 우주, 즉 우리 망원경으로 볼 수 있는 우주다.

우리가 보는 모든 방향에서 은하는 우리에게서 멀어지고 있다. 더 멀리 있는 은하일수록 더 빠르게 멀어진다. 우리에게서 모든 방향으로 은하가 빛의 속도만큼 빠르게 멀어지는 거리가 있다. 이 거리 이상에서는 별과 같은 천체에서 나오는 빛이 우리에게 도착하기 전에 모든 에너지를 잃어버린다. 팽창하는 우주를 가로지르면서 빛은 늘어나고 약해진다. 그런 천체에서 나오는 빛이 우리에게 도착할 수 없다면 이 천체는 관측 가능하지 않다. 이 한계를 모든 방향으로 펼치면 구가 된다.

이 구형의 '한계' 바깥의 우주는 우리에게 보이지 않고, 우리가 현재는 알 수 없는 우주다. 하지만 이 사실이 그 엄청난 거리 너머에 무엇이 있을지 궁금해하는 것을 막지는 못한다.

9.

보이지 않는 우주

1572년 11월 11일, 덴마크의 천문학자 튀코 브라헤는 저녁 산책을 하다가 하늘에서 눈에 띄는 새로운 천체를 발견했다. 결투 도중에 코의 일부를 잃어버린 튀코 브라헤는 망원경으로 별을 연구하지 않았다. 당시의 다른 천문학자들도 마찬가지였다. (망원경은 1608년에 발명되었고, 1609년 갈릴레오가 처음으로 망원경으로 별을 관측했다. ─ 옮긴이) 하지만 튀코 브라헤는 하늘을 충분히 오래 관측해 왔기 때문에 이 천체가 밤하늘에 새롭게 등장한 것이라는 사실을 알 수 있었다.

그날 밤 튀코 브라헤가 본 것은 초신성이라고 하는 폭발하는 별이었다.

대부분의 초신성은 먼 은하에서 나타나지만 우리 은하에 있는 별이 폭발한다면 망원경 없이도 누구나 볼 수 있을 정도로 충분히 밝다. 실제로 폭발로 생긴 1572년의 멋진 빛은 많은 곳에서 기록되었다. 1604년의 또 다른 초신성도 비슷한 화제를 불러왔다. 아쉽게도 이들이 우리 은하에서 나타난 마지막 두 초

튀코 브라헤의 코

유명한 천문학자인 튀코 브라헤는 고전적인 결투로 코를 잃은 것이 아니었다. 그 싸움은 수학에 대한 논쟁에서 시작된 것으로 보인다. 그는 성에 살면서 엘크(말코손바닥사슴)를 애완용으로 키우기도 했다. 그가 거의 평생 사용했던 가짜 코는 은 혹은 금으로 만들어졌다는 소문이 있었지만, 과학자들이 몇 년 전에 이 유명한 과학자의 유골을 파내어 그의 코뼈 근처에서 미량의 놋쇠를 발견했다. 그리고 그가 살해당했을 수도 있다는 — 아직 확인되지 않은 — 소문도 있다. 여러분에게 자신 있게 말하는데 현대 천문학자들의 삶은 이렇게 극적이지 않다.

신성이었다. (1604년 초신성은 『조선왕조실록』에 자세하게 기록되어 있다. — 옮긴이)

오늘날 우리는 강력한 망원경으로 먼 우주에서 폭발하는 별을 연구한다. 망원경이 천문학자들에게 제공해 주는 모든 정보는 빛으로 지구에 온다. 하지만 초신성은 인간의 눈에 익숙한 가시광선만 방출하지 않는다. 초신성이 보내는 빛 일부는 우리 눈에 보이지 않는다.

우리의 현대 망원경들은 모든 종류의 빛을 잡을 수 있다. 이 망원경들이 없다면 천문학자들은 우주의 너무나 멋진 모습을 전혀 알지 못했을 것이다.

1800년이 되기 전에는 '빛'이라는 단어는 가시광선만을 의미했다. 하지만 1781년에 천왕성을 발견해 이미 유명했던 영국의 천문학자 윌리엄 허셜은 1800년 초에 햇빛과 색, 그리고 온도의 관계에 대해 연구하고 있었다. 허셜은 빛을 여러 색으로 나눠 주는 유리로 만든 기구인 프리즘을 햇빛의 경로에 놓아 보았다. 여기에는 새로운 것이 없었다. 1600년대에 아이작 뉴턴이 이렇게 해서 익숙한 일곱 가지 무지개색 이름을 붙였다. 빨주노초파남보다.

뉴턴은 프리즘으로 햇빛을 여러 색으로 분해했다. 그런데 허셜은 각 색의 온도가 다르지 않을까 궁금해했다. 그래서 그는 무지개의 여러 부분에 온도계를 놓아 보았다. 그리고 색이 다른 빛은 온도도 다르다는 사실을 분명하게 보여 주었다. 예를 들어 붉은색 빛이 보라색 빛보다 더 따뜻했다.

그는 붉은색 바깥쪽에도 온도계를 놓아 보았다. 그는 이 온도계가 나타내는 온도가 방 온도와 같으리라 추정했다. 하지만 그렇지 않았다. 이 온도는 붉은색에 놓인 온도계보다 더 높았다. 그것은 햇빛에는 그가 연구하고 있던 색 이외에 새로운 빛이 숨겨져 있다는 것을 의미했다.

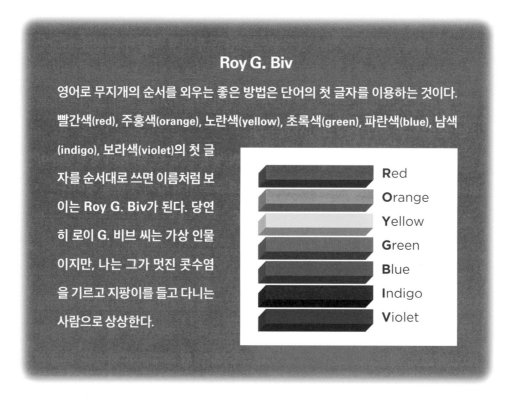

Roy G. Biv

영어로 무지개의 순서를 외우는 좋은 방법은 단어의 첫 글자를 이용하는 것이다.

빨간색(red), 주황색(orange), 노란색(yellow), 초록색(green), 파란색(blue), 남색(indigo), 보라색(violet)의 첫 글자를 순서대로 쓰면 이름처럼 보이는 Roy G. Biv가 된다. 당연히 로이 G. 비브 씨는 가상 인물이지만, 나는 그가 멋진 콧수염을 기르고 지팡이를 들고 다니는 사람으로 상상한다.

Red
Orange
Yellow
Green
Blue
Indigo
Violet

눈에 보이지 않는 빛이었다.

허셜은 우연히 '적외'선을 발견했다. 우리가 전자기파 스펙트럼 — 눈에 보이는 빛과 보이지 않는 빛을 모두 포함하는 확장된 무지개 — 이라고 부르는 것 중에서 새로운 영역이다. 다른 사람들이 허셜의 뒤를 이었다. 1801년 독일의 물리학자가 보라색 밖에도 보이지 않는 빛이 있다는 증거를 발견했다. 지금은 UV로도 많이 알려진 '자외'선이다.

스펙트럼의 나머지는 에너지가 낮고 진동수가 작은 쪽부터 에너지가 높고 진동수가 큰 쪽으로 전파, 마이크로파, 적외선, 빨주노초파남보, 자외선, 엑스선, 감마선으로 되어 있다. 이런 형태의 빛은 옛날 과학자들에게는 새로워서 익숙하지 않았지만 지금은 이 모든 빛을 사용하고 연구하고 있다.

☆彡

이상하게도 천문학자들이 이 모든 보이지 않는 빛을 볼 수 있는 망원경을 만드는 속도는 상당히 느렸다. 과학자들은 300년이 넘도록 망원경을 마치 우주의 안경처럼 우리의 제한된 시각을 강화해 주는 방법으로 생각했다. 망원경이 클수록 더 멀리 있는 천체를 볼 수 있고, 거울의 모양이 완벽할수록 망원경이 만드는 상은 더 선명해진다. 하지만 이 새로운 형태의 빛에는 새로운 기기가 필요했다. 예를 들어 엑스선을 검출하기 위해서는 극히 매끈한 거울이 필요하다. 파장이 긴 전파를 모으기 위해서는 검출기가 그렇게 정밀할 필요는 없다. 하지만 비용이 허용하는 한 최대한 크게 만들어야 한다.

초신성은 모든 종류의 보이는 빛과 보이지 않는 빛을 보내오지만, 어떤 망원경과 기기의 조합으로도 그 모든 빛을 동시에 볼 수는 없다. 이 문제를 해결하는 방법은 간단하다. 여러 망원경에서 얻은 사진을 모아서 모두 합치는 것이다. 우리는 보이지 않는 빛을 '볼' 수는 없지만 여러 종류의 빛에 특정한 색을 배

정해 모든 망원경과 검출기가 관측한 결과를 결합한 하나의 사진을 만들 수 있다.

이것이 내가 정확하게 나의 친구 슈퍼맨을 위해서 한 일이다. 영화에 나오는 그 슈퍼맨 말이다. 그가 헤이든 천체 투영관으로 나와 동료들을 찾아왔을 때 나는 "우리는 아직 우리 망원경에서 얻은 자료를 다 모으지 못했다."라고 설명했다. 그렇게 많은 망원경과 검출기에서 얻은 자료를 모두 모아서 하나의 눈에 보이는 사진을 만드는 것은 엄청나게 힘든 일이다. 사실 이것은 우리 천체 투영관의 컴퓨터가 하기에는 너무 큰 일이었다. 그래서 슈퍼컴퓨터 급의 두뇌를 가진 슈퍼맨 자신이 그 자료를 모아서 가시광선과 적외선을 비롯한 여러 종류의 빛으로 자신의 태양이 폭발하는 사진을 만들어 냈다.

나는 사람들이 몸으로 총알을 막고 눈에서 레이저를 쏘고 하늘을 나는 슈퍼 히어로를 부러워한다는 것을 알고 있다. 하지만 그 많은 천문학 자료를 슈퍼컴퓨터보다 더 빠르게 처리한다고?

그것이야말로 진짜 초능력이다.

눈에 보이지 않는 빛을 보는 망원경으로 처음 만들어진 것은 전파 망원경이다. 전파 망원경은 놀라운 형태의 망원경이다. 미국의 공학자 칼 잰스키가 1929년과 1930년 사이에 최초로 성공적인 전파 망원경을 만들었다. 이것은 무인 농장의 움직이는 스프링클러와 약간 비슷하게 생겼다. 큰 사각형의 금속 프레임들로 만들어져 회전 목마처럼 회전했고, 몇 년 전에 등장한 인기 있는 자동차인 포드 T 모델의 부품으로 만들어진 바퀴 위에 얹혀 있었다. 잰스키는 파장 약 15미터의 전파를 잡기 위해서 30미터 길이의 괴상한 기기를 설치했다.

그때까지 과학자들은 전파는 천둥 번개와 같은 지구의 전파원에서만 나

칼 잰스키의 망원경은 회전 목마로 비유되었다. 회전하면서 우주에서 오는 전파를 잡았기 때문이다.

온다고 믿고 있었다. 잰스키는 자신의 이상한 안테나로 전파가 우리 은하의 중심에서도 나온다는 사실을 발견했다. 그 관측과 함께 전파 천문학이 탄생했다.

과학자들은 드디어 가시광선이 아닌 빛으로 우주를 볼 수 있게 되었다.

현대의 전파 망원경은 거대한 괴물 같기도 하다. 1957년에 만들어진 MK 1은 지구에서 처음으로 만들어진, 진정으로 거대한 전파 망원경으로, 지름 76미터의 움직일 수 있는 단단한 금속 접시 하나로 되어 있었고, 영국 맨체스터의 조드럴 뱅크 천문대에 설치되었다. 세계에서 가장 큰 전파 망원경은 2016

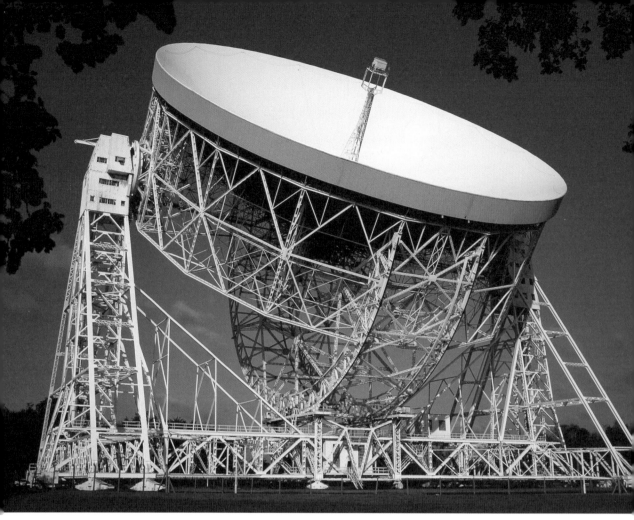

영국에 있는 지름 76미터의 MK 1 망원경은 1957년부터 전파를 관측하기 시작했다.

년에 완성된 지름 500미터의 FAST(Five-hundred-meter Aperture Spherical radio Telescope, 패스트)다. 1억 8000만 달러의 비용이 든 이 망원경은 중국 구이저우에 건설되었고, 축구장 30개보다 더 크다.

외계인이 소식을 전한다면 중국인들이 가장 먼저 알게 될 것이다.

멀리 안데스 산맥에 있는 ALMA의 66개 안테나는 하나의 거대한 망원경처럼 행동해 과학자들이 별이 어떻게
태어나는지 연구할 수 있게 해 준다.

마이크로파를 관측하는 망원경으로는 남아메리카 칠레 북쪽 멀리 안데스 산
맥에 있는 66개 안테나의 ALMA(Atacama Large Millimeter Array, 알마)가 있다.
ALMA는 천문학자들이 다른 망원경으로는 볼 수 없는 우주의 활동을 볼 수 있
게 해 준다. 우리는 거대한 기체 구름이 별이 탄생하는 요람으로 바뀌는 모습을
볼 수 있다.

ALMA는 의도적으로 지구에서 가장 건조한 곳에 자리 잡았다. 해발
4,800미터 이상으로 수분이 가장 많은 구름보다 훨씬 위에 있다. 지구 대기의

수증기는 ALMA와 기기들이 관측하려고 하는 마이크로파 신호를 망가뜨린다. 천문학자들은 이 신호가 최대한 방해를 받지 않고 우리 망원경에 도착하기를 원한다. 그러니까 천체를 깨끗하게 관측하기를 원한다면 ALMA처럼 망원경과 우주 사이에 수증기의 양을 최소화해야 한다.

일반적으로 큰 도시에서 멀리 떨어진 건조한 하늘이 있는 곳이 우주를 관측하기에 좋다. 내가 어릴 때 가장 좋아한 여름 방학 방문지인 우라니보르그 캠프가 사막에 있었던 이유다.

☆彡

지금까지 파장이 긴 전파와 마이크로파를 다뤘다. 스펙트럼의 가장 짧은 쪽 끝에는 높은 주파수와 높은 에너지를 가진 감마선이 있다. 1900년에 발견된 감마선은 1961년 새로운 종류의 망원경인 NASA의 익스플로러 XI 위성이 발사된 후에야 우주에서 관측되었다.

영화를 많이 본 사람들은 누구나 감마선이 해롭다는 것을 알고 있을 것이다. 과학자 브루스 배너는 잘못된 감마선 실험으로 영화 「어벤져스(Avengers)」에서 초록색의 엄청난 힘을 가진 성난 헐크가 되었다. 그런데 감마선은 관측하기 힘들기도 하다. 감마선은 보통의 렌즈나 거울을 뚫고 지나간다. 그래서 익스플로러 XI의 망원경은 감마선을 직접 관측하는 것이 아니라 감마선이 지나간 증거를 감지하는 기기를 가지고 있다.

2년 후 미국은 감마선 폭발 관측용으로 신형 벨라 위성을 여러 대 발사했다. 미국은 (구)소련이 새로운 위험한 핵무기를 시험하는지 우려했다. 그런 시험은 감마선을 방출하기 때문에 미국은 그 증거를 찾기 위해서 위성을 발사한 것이다. 벨라는 실제로 거의 매일 감마선 폭발을 관측했다. 하지만 (구)소련 탓이 아니었다. 감마선 신호는 우주 너머에서 일어나는 폭발에서 오는 것이었다.

내가 가장 싫어하는 슈퍼 히어로

아니다. 감마선은 여러분을 거대한 초록색 괴물로 만들지 않는다. 하지만 과학적인 측면에서 헐크가 나를 거슬리게 하는 것은 그것이 아니다. 평범한 크기의 브루스 배너 박사가 헐크로 바뀌면 2.7미터의 키에 수백 킬로그램의 무게가 된다. 배너박사는 질량을 '얻는' 것이다. 이것은 물리 법칙에 위배된다. 공기에서 질량을 가져올 수 없다. 헐크는 에너지로 자신의 몸에 새롭게 물질을 만들 수 있다고 가정할 수도 있다. 하지만 그렇게 한다면 주변 모든 도시의 에너지가 사라져 버릴 것이다.

지금은 스펙트럼에 있는 모든 보이지 않는 빛을 망원경으로 볼 수 있다. 우리는 이제 파장이 10여 미터가 되는 낮은 주파수의 전파를 관측할 수 있고, 파장의 길이가 상상할 수도 없을 정도로 짧은, 1000조분의 1미터보다 파장이 짧고 주파수가 높은 감마선을 관측할 수 있다.

천문학자들에게 이런 망원경들은 온갖 종류의 질문에 대답하는 도구가 된다. 은하에 있는 별들 사이에 얼마나 많은 기체가 있는지 궁금한가? 전파 망원경이 알려줄 수 있다. 우주 배경 복사와 빅뱅에 관심이 있는가? 마이크로파 망원경이 필요하다. 기체 구름 안쪽을 들여다보면서 별들이 어떻게 태어나는지 연구하고 싶은가? 적외선 망원경이 도와줄 것이다. 블랙홀을 연구하고 싶으면? 자외선과 엑스선 망원경이 가장 좋다. 거대한 별이 많은 에너지를 방출하며 폭발하는 모습을 보고 싶은가? 감마선 망원경으로 지켜보라.

튀코 브라헤의 시대에는 아직 발견할 수 있는 것이 너무나 많이 있었다. 하지만 나는 현재의 관측자가 되는 것이 훨씬 더 좋다. 지금이 조금 더 문명화된 시대라 아무도 나의 코를 베어 내려고 하지 않기 때문만은 아니다. 지금은 천문학자가 되기에 너무나 좋은 시기다. 우주에서 가장 흥미로운 일은 눈에 보이지 않는다는 사실을 알고 있기 때문이다.

지금은 그것을 모두 볼 수 있다. (암흑 물질은 제외하고. 하지만 그것도 점점 가까워지고 있다.)

10.
우리 태양계 주변

멀리서 우리 태양계를 관찰하는 외계인은 우리 태양계가 텅 비어 있다고 결론 내릴 수도 있다. 태양과 모든 행성, 그리고 그 위성이 태양계의 아주 작은 비율을 차지하고 있어서다. 하지만 우리 태양계는 비어 있지 않다. 행성 사이의 공간에는 온갖 종류의 암석, 자갈, 얼음 덩어리, 먼지, 전하를 가진 입자의 흐름, 그리고 멀리 날아간 탐사선이 있다.

우리 태양계는 비어 있지 않기 때문에 지구는 태양 주위를 돌면서 하루에 수백 톤의 유성체(유성체가 지구 대기로 들어와 타는 것을 유성이라고 한다. ― 옮긴이) 사이를 지나간다. 그 대부분은 모래 조각보다 크지 않다.

그리고 거의 대부분은 지구를 둘러싸고 있는 상층 대기에서 타 버린다. 이 유성체는 너무나 많은 에너지를 가지고 대기로 들어오기 때문에 들어오면서 증발해 버린다. 이것은 좋은 일이다. 이 공기 담요의 보호가 없었다면 우리 선조들은 우리가 인스타그램에 사진을 올리는 존재로 진화하기 훨씬 전에 우주 암석 때문에 파괴되었을 것이다.

좀 더 큰, 골프공 크기의 유성은 종종 증발하기 전에 더 작은 조각들로 부서지기도 한다. 훨씬 더 큰 유성은 대기를 뚫고 들어오면서 자신의 표면에 흔적을 남기지만 그렇지 않다면 지구 표면까지 손상되지 않고 떨어진다. 지구 역사의 초기에는 너무나 많은 잔해가 쏟아져 충돌로 발생한 에너지가 지구의 단단한 바깥층을 녹였다.

거대한 우주 잔해 하나가 달이 만들어지게 했다. 화성 크기의 물체가 젊은 지구를 기울어지게 만들었다는 증거가 있다. 빗맞은 충돌은 먼지와 암석을 지구 궤도로 올려 보냈다. 이 잔해가 점점 모여서 우리의 사랑스럽고 밀도가 낮은 달이 만들어졌다.

우주 암석의 폭격을 받은 것은 지구만이 아니었다. 달과 수성의 표면에 있는 많은 크레이터는 과거 충돌의 증거다. 우주는 빠른 속도의 물체가 표면을

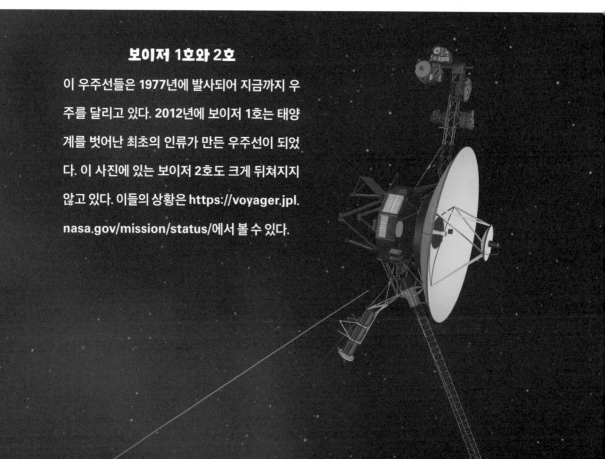

보이저 1호와 2호

이 우주선들은 1977년에 발사되어 지금까지 우주를 달리고 있다. 2012년에 보이저 1호는 태양계를 벗어난 최초의 인류가 만든 우주선이 되었다. 이 사진에 있는 보이저 2호도 크게 뒤쳐지지 않고 있다. 이들의 상황은 https://voyager.jpl. nasa.gov/mission/status/에서 볼 수 있다.

때릴 때 화성, 달, 지구에서 떨어져 나간 온갖 크기의 암석으로 가득 차 있다. 매년 약 1,000톤의 화성 암석이 지구로 쏟아진다. 아마도 달에서 나온 암석도 비슷한 양이 지구로 올 것이다. 어쩌면 월석을 가져오기 위해서 우주 비행사를 달로 보낼 필요가 없었을지도 모른다. 많은 월석이 지구로 오고 있기 때문이다.

태양계 대부분의 소행성은 화성과 목성 사이에 있는 거의 편평한 지역인 주소행성대(main astroid belt)에 있다. 눌린 도넛처럼 생긴 이 지역은 종종 이리저리 돌아다니는 바위가 있는 곳으로 그려진다. 수천 개 정도로 이루어진 소행성 그룹 중 하나는 언젠가 지구와 충돌할 수도 있다. 대부분이 1억 년 이내에 지구를 때릴 것이다. 지름이 1킬로미터를 넘는 소행성은 지구의 육지에 있는 대부분의 종을 멸종 위기에 이르게 할 정도로 강한 에너지를 지구에 전달할 것이다.

이것은 좋지 않다.

혜성도 지구의 생명체를 위협한다. 혜성 중에서 가장 유명한 핼리 혜성은 약 75년마다 밤하늘을 가로지른다. 이 거대한 얼음과 암석 덩어리는 지구보

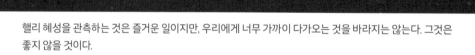

핼리 혜성을 관측하는 것은 즐거운 일이지만, 우리에게 너무 가까이 다가오는 것을 바라지는 않는다. 그것은 좋지 않을 것이다.

다 나이가 많고 1986년에 마지막으로 모습을 보였다. 이것이 지구를 때린다면 1000만 개의 화산이 폭발하는 것과 비슷할 것이다.

　　이것도 역시 좋지 않다.

　　하지만 핼리 혜성은 2061년까지는 돌아오지 않을 것이고, 우리 문명을 끝낼 정도로 가까이 지나가지 않을 것이다. 만일 여러분이 그때까지 살아 있고, 달 호텔로의 여행 준비나 가정부 로봇 수리 때문에 너무 바쁘지 않다면 좋은 망원경을 준비할 것을 권한다.

　　카이퍼 벨트(Kuiper belt) 저 너머에는, 태양계에서 가장 가까운 별까지 거리의 절반 정도까지 뻗어 있는 오르트 구름(Oort cloud)이라고 하는 혜성 집단이 있다. 이곳은 한 번의 여행을 완성하는 데 인간의 수명보다 훨씬 더 긴 시간이 걸릴 정도로 큰 궤도를 가지는 장주기 혜성이 오는 곳이다. 1990년대에 가장 밝았던 두 혜성인 헤일-밥 혜성과 햐쿠타케 혜성이 모두 오르트 구름에서 온 것이다. 이들은 짧은 시간 안에 돌아오지 않을 것이기 때문에 여러분은 기회를 놓쳤다. 이들은 정말 멋있었다고 자신 있게 말할 수 있다. 햐쿠타케 혜성은 너무나 밝아서 뉴욕 타임스 스퀘어 한복판에서도 (망원경 없이) 보일 정도였다.

내가 계속 위성의 개수를 확인하던 어느 시기에 태양계의 행성은 56개의 위성을 가지고 있었다. 그런데 어느 날 아침 깨어 보니 토성 주위를 도는 위성 10여 개가 더 발견되어 있었다. 그 이후로 나는 더는 위성의 수를 계속 확인하지 않기로 했다. 지금 내가 관심을 가지는 것은 가 보거나 연구해 볼 만큼 흥미로운 곳이 있느냐이다. 내가 보기에는 몇 개의 후보가 있다. 어떤 면에서는 태양계의 위성은 그들이 돌고 있는 행성보다 훨씬 더 매력적이다.

내가 두 번째로 좋아하는 행성의 가장 큰 위성인 타이탄에는 냇물이 강으로 흘러 들어가고 강은 커다란 호수들로 흘러간다. 이 호수들의 액체는 물이 아니라 메테인이고 우리는 이 위성을 연구하기 위해 탐사선을 보냈다. 하지만 더 자세히 보면 훨씬 더 흥미로운 세부 내용을 볼 수 있을 것이다.

내가 가장 좋아하는 위성은 목성의 주위를 돌고 있다. 목성계는 이상함으로 가득 차 있다. 목성에 가장 가까이 있는 위성인 이오는 태양계에서 화산 활동이 가장 활발한 곳이라 방문하기에는 너무 뜨겁다. 목성의 또 다른 위성인 유로파는 얼음으로 덮여 있어서 역시 휴가를 보내기에 이상적인 곳은 아니다. 하지만 외계 생명체를 찾는 우리의 탐험에서는 이곳이 태양계에서 가장 흥미로운 곳 중 하나다. 생명체를 찾기에 두 번째로 좋은 곳이 있다면 바로 이곳이다.

얼핏 보기에는 유로파는 천문학자들이 생명체를 찾기에 좋은 곳으로 선택할 것처럼 보이지 않는다. 일반적으로 우리는 1장에서 이야기한 골디락스 지역에 있는 행성과 위성을 찾는다. 금발의 방문자(골디락스를 말한다. ― 옮긴이)는 너무 뜨겁거나 너무 차가운 죽을 좋아하지 않았다. 생명체가 있을 만한 행성을 찾는 천문학자도 마찬가지다. 우리는 별에 너무 가까이 있지 않은 지역을 찾는다. 별에 너무 가까이 있으면 표면의 물이 모두 증발해 버릴 것이고, 우리는 액체 상태의 물이 생명체에 필수적이라는 것을 알고 있기 때문이다. 하지만 별에서 너무 멀리 있다면, ― 태양계에서 유로파의 경우 ― 물은 얼어 버릴 것이다. 이곳은 너무 추울 것이다. 우리가 찾으려고 하는 것은 너무 뜨겁지도 너무 차갑지도 않은 지역에 있는 행성이다.

유로파는 골디락스 지역 바깥에 있고, 얼어붙은 표면은 생명체가 번성하기에 적합한 곳으로 보이지 않는다. 하지만 유로파는 태양이 필요하지 않다는 사실이 밝혀졌다. 유로파는 목성의 주위를 돌면서 모양이 바뀐다. 위성이 주위

유로파를 향하여

우리는 모두 유로파에 가기를 원한다. 이상. 과학적인 발견의 잠재력은 엄청날 것이다. 하지만 우리는 엄청난 기술적인 도전을 극복해야 한다. 먼저 유로파로 탐사선을 보내야 한다. 그런 다음 이 탐사선이, 혹은 탐사선 안에 있는 더 작은 착륙선이 궤도에서 유로파의 얼음 표면으로 내려가야 한다. 그러고는 얼음낚시를 해야 한다. 바다를 덮고 있는 얼음층의 두께는 1킬로미터 이상이 될 수 있기 때문에 아래에 있는 물까지 터널을 만들거나 구멍을 뚫어야 한다. 그다음에는 물속을 돌아다닐 수 있는 또 다른 탐사선 혹은 잠수함을 보내 자료를 모아 지구에서 애태우고 있을 과학자들에게 보내 주어야 한다. 어려운 도전이다. 하지만 우리가 어떤 것을 발견할지 상상해 보라.

를 도는 동안 목성의 중력이 위성을 눌렀다 편다. 이렇게 눌러졌다 펴지는 과정은 유로파에 에너지를 전해 주어서 얼어 있는 바다 표면 아래에 있는 물을 데운다. 이 따뜻한 물이 수십억 년 동안 그곳에 있지 않았다고 생각할 이유가 없다. 지구가 아닌 곳에서 생명체를 찾고자 한다면 유로파가 다음 목적지가 되어야한다.

전통에 따라 행성에는 로마 신화의 신 이름을 붙이고 위성에는 그리스 신화의 사람 이름을 붙인다. 고대의 신들은 복잡한 사회 생활을 했기 때문에 이름이 부족하지 않다. 유일한 예외는 천왕성의 위성이다. 여기에는 영국의 희곡과 시에 나오는 영웅의 이름을 붙인다. 유로파와 이오가 아니라 윌리엄 셰익스피어의 희곡에 나오는 요정인 퍽(Puck)과 아리엘(Ariel)이라는 이름이 보일 것이다. (아이스하키 스틱으로 때리는 고무 원반이나 인어 공주가 아니다.)

　　1781년 보이지 않는 빛을 발견한 과학자인 윌리엄 허셜은 우리 눈으로 볼 수 없는 행성을 발견한 최초의 사람이 되었다. 그는 그 행성에 자신이 충성을 바치던 왕의 이름을 붙이기를 원했다. 허셜이 성공했다면 행성들의 이름은 수성, 금성, 지구, 화성, 목성, 토성, 그리고 조지(George)가 되었을 것이다. 다행히도 몇 년 후에 하늘의 신인 천왕성이라는 고전적인 이름이 붙여졌다.

태양계에 있는 행성과 위성에는 모두 이름이 붙어 있지만 아직 이름이 붙여지지 않은 소행성이 아주 많다. 발견자는 자기가 원하는 이름을 붙일 수 있고, 지금은 나도 태양계 우주 잔해의 일부와 관련이 있다. 2000년 11월, 데이비드 레

비와 캐럴린 슈메이커가 발견한 주소행성대에 있는 소행성 1994KA에는 내 이름을 딴 13123 타이슨이라는 이름이 붙여졌다. 나는 감사하게 생각하지만 이것을 특별히 대단하게 생각해 줄 필요는 없다. 수많은 소행성에 조디, 해리엇, 토머스와 같은 익숙한 이름이 붙어 있다. 심지어 메를린, 제임스 본드, 산타 같은 이름이 붙은 소행성도 있다. 지금은 수십만 개인데 소행성의 수는 곧 우리가 이름을 붙이기 어려울 정도가 될 것이다. 그날이 올지는 모르지만 나는 나의 우주 잔해가 홀로 외롭게 행성 사이를 방황하고 있지 않다는 사실을 알고 있어서 행복하다.

그리고 지금 이 순간에는 나의 소행성이 지구를 향하고 있지 않아서 다행이기도 하다.

11.

외계인에게 지구는
어떻게 보일까

멀리 있는 지능을 가진 외계인에게 지구가 어떻게 보일지 이해하기 위해서 우리의 행성을 땅에서부터 살펴보자.

　지구에서 달리거나 수영을 하거나 걷거나 자전거를 타고 이동을 하면, 우리 지구의 무한한 볼거리를 자세하게 즐길 수 있다. 거미줄로 나방을 잡은 거미를 볼 수도 있고, 나뭇잎에서 떨어지는 물방울, 모래 위를 기어 다니는 소라게나 10대의 코에 나 있는 여드름을 볼 수도 있다.

　지구의 땅에는 세세한 모습이 얼마든지 있다. 우리는 그저 살펴보기만 하면 된다.

　이제 위로 올라가 보자. 이륙하는 비행기 창문으로 보면 표면의 세세한 모습은 빠르게 사라진다. 거미 먹이도, 놀란 소라게도, 여드름도 없다. 비행기가 운항하는 고도인 약 11킬로미터로 올라가면 여러분이 사는 도시도 알아보기 어렵다.

우주로 나가면 세세한 모습은 완전히 사라진다. 국제 우주 정거장 (International Space Station, ISS)은 약 400킬로미터 높이에서 지구를 돈다. 창문을 통해 낮에는 파리, 런던, 뉴욕, 로스엔젤레스를 찾을 수 있지만, 지형을 알아야만 가능하다. 어쩌면 기자의 대 피라미드도 보이지 않을 것이고, 만리장성은 확실히 보이지 않을 것이다.

잡다한 내용

중국의 만리장성을 우주에서 볼 수 있을까? 아니! 만리장성의 길이는 수천 킬로미터나 되지만 폭은 수 미터밖에 되지 않는다. 높이 나는 비행기에서 겨우 보이는 미국의 고속 도로보다 훨씬 더 좁다.

38만 킬로미터 떨어진 달에서는 뉴욕, 파리와 지구의 빛나는 다른 도시는 반짝이는 모습으로도 보이지 않을 것이다. 하지만 차가운 공기 덩어리나 지구의 주요한 기상 현상은 여전히 볼 수 있을 것이다. 지구에 가장 가까이 다가온 화성으로 간다고 해 보자. 약 5600만 킬로미터 거리다. 눈 덮인 산맥 꼭대기와 대륙의 경계는 아마추어용 큰 망원경으로 볼 수 있을 것이다. 하지만 그게 전부다. 지구에 도시가 있다는 것은 볼 수 없을 것이다.

30억 킬로미터 떨어진 해왕성으로 가면 태양은 지구에서 보는 것보다 1,000배 더 어두워진다. 그러면 지구는? 어두운 별보다 밝지 않은 점이 되고, 빛나는 태양에게 가려져 버린다.

증거가 있다. 1990년 보이저 1호가 해왕성 궤도 바로 너머에서 지구의 사진을 찍었다. 우리의 지구는 먼 우주에서는 초라하게 보일 뿐이었다. 미국의 천문학자 칼 세이건은 '창백한 푸른 점'이라고 불렀다. 이것은 관대한 표현이다.

보이저 1호 우주선이 찍은 이
사진은 지구와 달을 동시에 찍은
최초의 사진이다. 우주선이 해왕성
궤도보다 멀리 가면 지구는
그저 멀리 있는 '창백한 푸른
점'으로밖에 보이지 않는다.

보이저 1호의 사진을 얼핏 봐서는 지구가 거기에 있는지도 모를 것이다.

아주 먼 곳에서 최첨단 망원경으로 하늘을 살피고 있는 큰 뇌를 가진 외계인에게는 어떨까? 그들이 볼 수 있는 눈에 보이는 지구의 특징은 무엇일까?

푸른색이다. 그것이 가장 먼저 보이는 특별한 점이다. 물은 지구 표면의 3분의 2를 덮고 있다. 태평양 하나가 지구의 한쪽 면 거의 전체를 차지한다. 만일 외계인이 지구의 색을 알아낼 수 있다면 아마도 이 모든 푸른색이 물 때문이라고 추정할 것이다. 그들도 틀림없이 물을 잘 알 것이다. 물은 생명 유지에 필요할 뿐만 아니라 우주에서 가장 풍부한 분자 중 하나이기 때문이다.

그 외계인이 아주 강력한 도구를 가지고 있다면 그저 창백한 푸른 점보다 더 많은 것을 볼 것이다. 물이 액체 상태라는 것을 강력하게 시사하는 해안선을 볼 수도 있다. 얼어 있는 행성에는 해변이 없을 것이기 때문이다. 그리고 똑똑한 외계인이라면 분명히 액체 상태의 물이 있는 곳에는 생명체도 있으리라 생각할 것이다.

외계인은 온도의 변화에 따라 커졌다 작아지는 지구의 극을 덮고 있는 얼음도 볼 수 있을 것이다. 지구의 표면을 살펴보고 주요 대륙이 시야에서 사라졌다가 나타나는 것을 추적해 그들은 지구가 24시간마다 한 번씩 회전한다는 것도 알아낼 수 있을 것이다. 그들은 지구의 하루 길이를 알게 될 것이다. 외계인은 주요한 기상 변화도 볼 것이다. 그들은 지구의 구름도 연구할 수 있을 것이다.

현실을 확인해 보자.

가장 가까이 있는 외계 행성, 즉 태양이 아닌 다른 별 주위를 도는 행성은 우리의 이웃 항성계인 센타우루스자리 알파별에서 발견할 수 있다. (센타우루스자리 알파별은 3개의 별로 이루어져 있고 가장 가까운 외계 행성은 이 3개의 별 중 지구에서 가장 가까운 센타우루스자리 프록시마 주위를 돌고 있다. ─ 옮긴이) 약 4광년 떨어진 곳이다. 연료 공급이나 화장실에 가기 위해 쉬는 시간 없이 빛의 속도로 4년을 가야 하는 거리다. 빛은 한 시간에 10억 7000만 킬로미터를 이동한다. 그

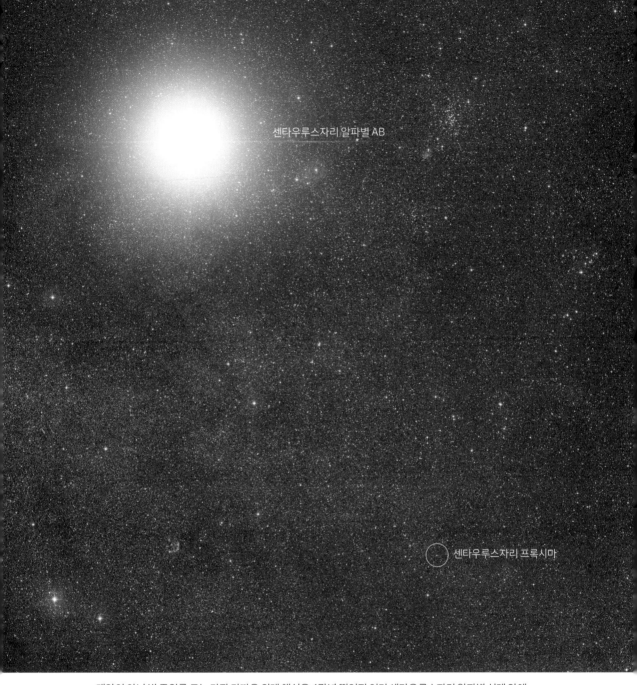

센타우루스자리 알파별 AB

센타우루스자리 프록시마

태양이 아닌 별 주위를 도는 가장 가까운 외계 행성은 4광년 떨어진 여기 센타우루스자리 알파별 성계 안에 숨어 있다.

러니까 4광년 거리에 있는 우리의 '이웃' 센타우루스자리 알파별은 어마어마하게 멀리 있는 것이다.

그나마 이것은 가까운 편이다. 많은 외계 행성 과학자는 수십에서 수백 광년 거리에 있는 외계 행성을 찾았다. 지구는 태양의 10억분의 1보다 더 어두우므로 그런 곳에 있는 외계인이 가시광선 망원경으로 지구를 직접 보는 것은 엄청나게 어려운 일이다. 이것은 큰 서치라이트 근처에서 반딧불이를 찾는 것과 비슷하다. 그러니까 만일 외계인이 우리를 찾았다면 적외선처럼 우리에게는 보이지 않는 빛으로 찾았을 가능성이 높다. 적외선에서는 태양이 지구보다 그렇게 월등히 밝지 않다.

혹은 외계인 공학자가 완전히 다른 전략을 개발했을 수도 있다.

아마 친구를 쫓아다니며 계속 사진을 찍어 본 적이 있을 것이다. 성공한 천문학자들도 이런 흔한 장난에 대한 유혹을 떨치기 힘들다. 그리고 이것은 멀리 있는 행성을 찾는 방법 중 하나와 비슷하기도 하다. 외계인이 먼 곳에서 지구를 보기 어려운 것처럼, 우리도 멀리 있는 행성들을 직접 보는 것은 어렵다. 그래서 NASA는 가까운 별들을 계속해서 사진 찍으며 작은 행성들을 찾는 케플러 망원경을 만들었다.

케플러 망원경은 전체 밝기가 규칙적으로 약간 어두워지는 별들을 찾았다. 이런 경우는 별의 주위를 도는 행성이 그 별 앞을 지나갈 때 별이 약간 어두워지는 모습이 케플러 망원경이 볼 수 있는 방향에 있을 경우다. 이 방법으로는 행성을 직접 볼 수는 없다. 하지만 거기에 뭔가가 있다는 것은 알 수 있다. 케플러 망원경은 우리 태양계와 같이 여러 개의 행성을 가진 수백 개의 항성계를 포함해 수천 개의 외계 행성을 발견했다.

과학자들이 수천 개의 새로운 행성을 찾을 수 있게 해 준 케플러 망원경. 그중에 한 곳에는 생명체가 있을까?

외계인도 같은 방법으로 지구를 발견할 수 있다. 태양을 관찰해 지구가 태양과 그들 사이를 지나갈 때 밝기가 약간 어두워지는 것을 발견할 수 있을 것이다. 좋다. 그들은 지구의 존재를 알아차릴 수 있다. 하지만 지구 표면에서 일어나는 일에 대해서는 아무것도 알 수 없다.

전파나 마이크로파가 도움이 될 수도 있다. 우리를 엿보는 외계인들은 FAST와 같은 것을 가지고 있을 수도 있다. 9장에서 이야기한, 중국에 있는 지름 500미터의 거대한 전파 망원경이다. 그리고 주파수를 잘 맞추면 우리는 하늘에서 가장 밝은 광원이 될 것이다. 라디오, 휴대폰, 전자레인지, 차고 입구, 자동차 열쇠, 그리고 통신 위성 등은 모두 신호를 내보낸다. 우리는 이런 긴 파장에 완전히 둘러싸여 있다. 외계인이 올바른 망원경과 검출기를 가지고 있다면 이것은 여기에서 뭔가 특별한 일이 일어나고 있다는 훌륭한 증거가 될 것이다.

지구는 재미있는 파티장처럼 보일 것이다.

외계인들이 우리와 통신을 시도하려고 하는 것이 아닌지 잠시 의심하게 만든 의문의 전파 신호가 있었다. 1967년 하늘에서 강한 전파원을 찾고 있던 천문학자 앤터니 휴이시와 그의 팀은 아주 이상한 뭔가를 발견했다. 멀리 있는 뭔가가 1초에 한 번 이상 깜빡이고 있었다. 당시 휴이시의 대학원생 조셀린 벨이 이것을 처음 발견했다.

그 신호는 또 다른 문명이 공간 저 너머에서 활동하고 있다는 증거라고 — 외계인이 전파로 "안녕, 여기야!"라고 하는 — 생각하지 않기가 어려웠다. 하지만 벨 자신은 그 생각을 별로 좋아하지 않았다. 당시 벨은 학위를 받으려 하고 있었고, 그 작은 초록 인간(그들은 이 별을 LGM(little green men)이라고 불렀다. — 옮긴이)과 신호는 방해꾼이었다. 하지만 며칠 만에 벨은 우리 은하의 다른 곳에서 오는 반복적인 신호를 또 발견했다. 벨과 과학자들은 자신들이 외계인과 접촉한 것이 아니라는 사실을 알았다. 그들은 새로운 종류의 천체를 발견한 것이었다. 완전히 중성자로 이루어져 있고 회전할 때마다 전파가 규칙적으로 방출되는 별이다. (수억 마리의 코끼리가 들어 있는 챕스틱 통과 밀도가 비슷한 별이다.)

누가 상을 받아야 할까?

과학자들은 조셀린 벨 — 지금은 조셀린 벨 버넬 — 이 펄서를 발견한 것으로 인정하지만, 그 업적에 대한 노벨상은 1977년에 지도 교수인 앤터니 휴이시에게 주어졌다. 벨은 그 결과에 불만을 표시하지 않았지만 많은 사람은 벨이 여성이 아니었다면 노벨상을 받았을 것이라고 말했다. 펄서의 발견과 이어진 업적으로 벨은 많은 상을 받았고, 벨은 과학에서 여성의 역할을 위해서도 적극적으로 일을 했다.

휴이시와 벨은 이 별을 '펄서'라고 불렀다. 그리고 벨은 학위를 받았을 뿐만 아니라 20세기의 가장 중요한 발견 중 하나를 한 사람으로 인정받았다.

우리가 외계인을 엿보거나 외계 지적 생명체가 우리를 엿보는 다른 방법도 있다. 외계인은 지구에서 오는 빛을 연구해 지구와 지구 주위에 어떤 종류의 분자가 있는지 알 수 있다. 어떤 행성이 동물과 식물로 가득 차 있다면 그 대기에 생물 지표라고 불리는 분자가 풍부하게 있을 것이다. 이 분자들은 일종의 단서와 같다. 행성에 생물 지표가 있다면 과학자는 생명체가 있을 수 있다는 것을 알 수 있다. 생명체가 있다면 이 분자는 아주 많다.

지구에서는 메테인이 생물 지표 중 하나다. 식물의 부패와 같은 자연적으로 발생하는 메테인도 일부 기여를 한다. 나머지는 석유 시추, 쌀 재배, 하수, 그리고 가축의 트림과 방귀와 같이 인간의 활동과 연관된 결과로 만들어진다.

그렇다. 소의 방귀가 언젠가 외계인이 우리를 발견하는 데 도움을 줄 수도 있다.

하지만 우리에 대한 가장 확실한 표시는 대기에 자유롭게 떠다니는 산소다. 산소는 우주에서 세 번째로 흔한 원소다. 산소는 누구와도 금방 부딪힐 수 있는 댄스 파티에 있는 중학생처럼 화학적으로 활동적이다. 산소는 수소, 탄소, 질소, 규소 등의 원소와 결합한다. 산소는 심지어 자신과도 결합한다. 이 분자는 홀로 자유롭게 있는 것을 좋아하지 않는다.

그러니까 만일 외계인이 자유롭게 떠다니는 산소를 본다면 뭔가가 산소를 방출하고 있다고 추정할 것이다. 지구에서는 생명체가 그 일을 한다는 것을 우리는 알고 있다. 식물이 햇빛을 연료로 바꾸는 과정인 광합성은 바다와 대기에 돌아다니는 자유로운 산소를 만들어 낸다. 공기 중의 이 자유로운 산소는 사

타이탄에도 소가 있을까?

과학자들은 지금 화성에 있는 약간의 메테인과 토성의 위성 타이탄에 있는 많은 메테인의 기원에 대해 논쟁하고 있다. 이 메테인은 모두 어디에서 왔을까? 아쉽게도 우주의 소는 아니다. 타이탄에는 메테인이 흐르는 강이 있다. 모든 호수가 이 생명 지표로 가득 차 있다.

람과 실질적으로 동물 왕국의 모든 생명체가 살아갈 수 있게 해 준다.

우리 지구인은 왜 산소와 다른 생물 지표가 중요한지 이미 알고 있다. 하지만 외계인은 이 모든 것을 스스로 알아내야 한다. 그들이 이 단서를 생명체의 증거라고 결론 내렸다면 아마도 지적 생명체일지도 궁금해할 것이다. 나는 가끔 이 질문을 나 자신에게도 해 본다.

그런데 외계인이 정말로 생명체의 신호를 찾아서 우주를 뒤지고 있을까? 최초의 외계 행성은 1995년에 발견되었다. 그리고 이 책을 쓰고 있는 동안 그 수는 4,000개를 넘어가고 있다. 이제 과학자들은 우리 은하에만 지구와 비슷한 크기의 행성이 약 400억 개 있으리라 생각하고 있다. 이 숫자를 생각해 보면 저기 어딘가에 누군가가 우리를 지켜보고 있을 수도 있다.

12.

위를 보고 크게 생각하라

어릴 때 받아들이기 가장 어려운 진실 중 하나는 자신이 우주의 중심이 아니라는 사실일 것이다. 나는 다섯 살 생일을 기억한다. 어머니께서 가게에서 케이크를 사 오셔서 케이크 중앙에 초를 하나 꽂으셨다. 그 초는 숫자 5 모양이었다. 나는 깜짝 놀랐다. 가게에 있는 사람들은 내가 다섯 살이 되는 것을 알고 있다! 그들은 오직 나를 위해서 초를 만들고 보관하고 있었던 것이다.

어쨌든 나는 그렇게 생각했다. 전 세계에서 다른 아이들도 다섯 살이 되었거나 곧 될 것이기 때문에 이런 초가 많이 있다는 생각은 전혀 하지 못했다. 그런데 이것이 별과 은하와는 무슨 상관이 있을까?

천문학은 우리가 세상의 중심이 아니라는 사실을 가르쳐 준다.

천문학은 심지어 우리 우주도 유일한 우주가 아닐 수도 있다는 사실을 가르쳐 준다. 천문학은 우리에게 우주적인 관점을 가르쳐 준다.

그런데 누가 그런 식으로 생각을 할까? 누가 인생에 대한 이런 우주적인 관점을 가지게 된 것을 축하할까? 가족을 먹여 살리기 위해서 이런저런 일을 전전해야 하는 사람들은 아닐 것이다. 작은 보수를 위해 공장에서 전자 제품을 만드는 사람들도 아닐 것이다. 음식을 찾아서 쓰레기통을 뒤지는 노숙인들은 분명 아닐 것이다. 여러분은 그저 살아남기 위한 것이 아닌 남는 시간이 필요하다. 혹은 먹는 것이나 안전에 대해서 걱정할 필요가 없을 정도로 풍족하고 스마트폰의 앱이나 글, 혹은 넷플릭스의 최근 시리즈에서 눈을 떼고 별을 바라볼 수 있는 의지가 있는 사람이어야 한다.

우주적인 관점에는 보이지 않는 비용이 든다. 개기일식 동안 빠르게 움직이는 달의 그림자를 잠시 보기 위해서 수천 킬로미터를 여행할 때 나는 가끔 지구를 보지 못한다.

하던 일을 잠시 멈추고 팽창하는 우주, 그러니까 영원히 늘어나는 시공간에 놓인 은하가 서로 멀어져 가는 우주를 생각할 때 나는 가끔 먹을 것과 잘 곳이 없이 이 지구를 헤매고 다니는 수많은 사람과, 그들 중 많은 수가 여러분과 같은 아이들이라는 사실을 잊어버린다.

중력 때문에 빙글빙글 돌며 우주적 발레를 추고 있는 소행성, 혜성, 행성의 궤도를 계산할 때 나는 가끔 너무나 많은 사람이 지구의 대기, 바다, 대륙 사이의 미묘한 관계를 무시하고 있다는 사실을 잊어버린다.

그리고 나는 가끔 힘 있는 사람들이 스스로를 돌볼 수 없는 사람들을 돕기 위해서 하는 일이 거의 없다는 사실을 잊어버린다.

나는 종종 이런 사실을 잊어버린다. 세상이 아무리 크다 하더라도 — 우리의 마음에서, 우리의 상상 속에서, 그리고 디지털 지도에서 — 우주가 훨씬 더 크기 때문이다. 어떤 사람에게는 힘 빠지는 생각이지만 나에게는 나를 자유롭게 해 주는 생각이다.

아마 분명 여러분에게 어떤 어른이 꾸짖으며 너의 문제는 그렇게 중요한 것이 아니라고 말하는 것을 들어본 적이 있을 것이다. 혹은 세상은 너를 중심으로 돌아가는 것이 아니라는 사실을 상기시켜 줄지도 모른다. 하지만 우리 어른들은 자기 자신에게도 그런 말을 할 필요가 있다.

　　모든 사람, 특히 힘과 영향력을 가진 사람들이 우주에서 우리의 위치에 대해 확장된 관점을 가지고 있는 세상을 생각해 보자. 그런 관점에서는 우리의 문제는 작아지고 ― 혹은 아예 생기지도 않고 ― 우리는 작은 지구에서의 차이점 때문에 싸우거나 다투는 것이 아니라 그 차이를 축복할 수 있을 것이다.

☆彡

지난 2000년 1월 새롭게 재건된 뉴욕 헤이든 천체 투영관에서는 「우주로의 패스포트(Passport to the Universe)」라는 제목의 우주 영화를 상영했다. 관객을 천체 투영관에서 출발해 우주 끝까지 데려다 주는 영화다. 관객은 지구를 본 다음 태양계를 보고, 우리 은하의 1000억 개의 별이 작아지다가 천체 투영관 돔에서 보일까 말까 하는 점들로 사라져 가는 모습을 보게 된다.

　　개관한 지 한 달도 되지 않아서 나는 사람들이 중요하지 않거나 작은 존재라는 사실을 느끼게 해 주는 것에 대해 전공하고 있다는 대학 교수로부터 편지를 받았다. 나는 그런 전공이 있는지도 몰랐다. 그는 그 영화를 본 다음에 사람들이 얼마나 맥이 빠지는지 알아보기 위해서 영화를 보기 전과 후에 설문 조사를 했으면 했다. 그는 「우주로의 패스포트」를 보고 너무나 맥이 빠졌다고 했다.

　　어떻게 그럴 수가 있지? 나는 그 영화를 (그리고 우리가 만든 다른 영화를) 볼 때마다 살아 있고 정신적으로 충만해지고 서로 연결되어 있다는 느낌이 든다.

　　나는 내가 아니라 그 교수님이 자연을 잘못 이해했다고 생각한다. 인간이 우주의 어떤 것보다도 중요하다는 생각에서 시작되어 발전된 그의 자신감이 지나치게 큰 것이다.

그만 그런 것이 아니라 사회에서 힘 있는 사람들은 대부분 이렇게 생각한다. 생물학 시간에 내 몸의 한 점에 살고 있는 세균이라고 불리는 작은 생명체가 그동안 지구에 살았던 모든 사람의 수보다 많다는 사실을 배우기 전까지는 나도 역시 그렇게 생각했다. 그런 종류의 정보는 누가 ― 혹은 무엇이 ― 지구의 주인인지 다시 한번 생각하게 해 준다.

여러분이 무슨 생각을 하고 있는지 안다. 우리는 세균보다 똑똑하다.

여기에는 의심의 여지가 없다. 우리는 지구에서 달리거나, 기어 다니거나, 미끄러져 다닌 어떤 생명체보다도 똑똑하다. 우리는 시와 음악을 짓고, 예술품을 만들고 과학을 한다. 우리는 수학도 할 수 있다. 여러분이 아무리 수학을 못하더라도 가장 똑똑한 침팬지보다 훨씬 더 나을 것이다. 침팬지는 긴 나눗셈을 하지 못한다.

하지만 우주적인 규모에서 우리는 그렇게 똑똑하지 않다. 우리가 침팬지보다 나은 만큼 우리보다 더 나은 뇌 능력을 갖춘 생명체를 상상해 보자. 그런 종에게는 우리의 가장 높은 정신적인 성취는 아무것도 아닐 것이다. 그들의 아기는 글자를 배우는 대신 대학 수준의 수학을 공부할 것이다. 그런 생명체에게는 아인슈타인이 방금 외계인 유치원에서 집으로 돌아온 꼬마 티미보다 똑똑하지 못할 것이다.

우리의 유전자 ― 인간의 아기가 어른으로 성장할 수 있도록 이끌어 주는 암호 ― 는 침팬지의 유전자와 그렇게 크게 다르지 않다. 우리가 조금 똑똑하긴 하다. 하지만 결국 우리는 다른 모두와 마찬가지로 자연의 일부일 뿐이다. 자연보다 위에도 아래에도 있지 않고 자연 속에 있는 것이다.

여러분이 정말로 무엇으로 만들어졌는지 알고 싶은가? 이번에도 우주적인 관점이 여러분이 예상하는 것보다 더 큰 답을 제공해 줄 것이다. 우주의 화학 원소는 질량이 큰 별의 불 속에서 만들어지고, 이 별은 거대한 폭발로 생을 마감하며 은하에 생명체에게 필요한 재료를 공급해 준다. 그 결과는? 우주에서 화학적으로 가장 흔하면서 활동적인 4개의 원소 — 수소, 산소, 탄소, 질소 — 가 지구 생명체를 이루는 가장 흔한 원소 4개가 되었다.

우리는 그저 이 우주에 살고 있다.

우주는 우리 안에 살고 있다.

더구나 우리는 이 지구에서 태어나지 않았을 수도 있다. 과학자들은 우리가 누구며 어디에서 왔는지 다시 생각할 수밖에 없게 해 주는 정보를 찾아냈다.

첫째, 우리가 이미 보았듯이 큰 소행성이 행성을 때리면 그 충돌 에너지 때문에 주변 지역에 있는 암석이 우주로 날아갈 수 있다. 침대에 작은 장난감을 놓고 침대 위에서 뛰면 여러분의 충돌 에너지 때문에 장난감이 공중으로 튀어 오르는 것과 같은 이유다. 소행성은 너무나 큰 에너지로 때리기 때문에 한 행성의 표면에서 빠져나온 암석이 다른 행성으로 날아갈 수 — 그리고 떨어질 수 — 있다. 그래서 달과 화성에서 온 암석이 여기 지구에서도 발견되는 것이다.

둘째, 미생물이라고 불리는 작은 형태의 생명체들은 우주를 여행하는 동안 마주치는 넓은 범위의 온도, 압력, 방사능에도 살아남을 수 있다. 생명체가 있는 행성에서 나온 암석 안에 있는 미생물이 안전하게 이동할 수 있다.

셋째, 최근의 증거에 따르면 태양계가 만들어진 직후 화성에는 액체 상태의 물이 있었고 생명체에게 좋은 환경일 수 있었다.

결과적으로 생명이 화성에서 시작되어 암석을 타고 지구로 여행했을 수도 있다는 말이다. 그러니까 모든 지구 생명체는 어쩌면 — 정말로 어쩌면 — 화성 생명체의 후손일 수도 있다.

역사를 통해서 천문학적인 발견은 반복해서 우리 스스로에 대한 모습에 상처를 주어 왔다. 한때 우리는 지구가 유일한 곳이라고 생각했다. 그런데 천문학자들이 지구가 태양의 주위를 도는 여러 행성 중 하나일 뿐이라는 사실을 알아냈다. 좋다. 그래도 여전히 태양은 특별하겠지? 그런데 밤하늘에 있는 수많은 별도 태양과 같은 존재라는 사실을 알게 되었다.

좋다. 하지만 우리 은하는 분명 특별할 것이다.

그렇지 않다. 밤하늘에 보이는 수많은 뿌연 것이 우리 우주를 수놓고 있는 다른 은하들이라는 사실을 알게 되었기 때문이다.

지금은 우리 우주가 전부라고 생각하기 쉽다. 하지만 새로운 이론에 따르면 우리는 또 다른 가능성에 마음을 열어 두어야 한다. 우리 우주는 수많은 우주 중 하나일 뿐이라는, 우리는 더 큰 다중 우주의 작은 일부일 뿐이라는 가능성 말이다.

☆彡

우주적 관점은 우주에 대한 지식에서 나온다. 하지만 그것은 지식 이상이다. 그것은 우주에서 우리의 위치를 가늠해 보는 데 그 지식을 활용할 수 있는 지혜와 통찰에 대한 것이다. 그 장점은 명확하다.

☆彡 우주적 관점은 과학의 최전선에서 오는 것이지만 과학자만의 것이 아니라 모든 사람의 것이다.

☆彡 우주적 관점은 겸손하다.

☆彡 우주적 관점은 영적이긴 하지만 종교적이지는 않다.

☆彡 우주적 관점은 우리가 큰 것과 작은 것에 대해 같은 생각을 할 수 있게

해 준다. 우주가 이 문장의 끝에 있는 마침표보다 훨씬 더 작은 공간에서 시작해 지금은 수백억 광년의 크기가 되었다는 사실을 안다면.

☆彡 우주적 관점은 기이한 아이디어에도 마음을 열 수 있게 해 준다. 하지만 들은 것을 곧바로 믿지 않고 이성적으로 생각하는 능력을 잃지 않게도 해 준다.

☆彡 우주적 관점은 우리가 우주에 대해 눈을 뜰 수 있게 해 준다. 우주를 생명을 낳고 돌봐 주는 힘으로 보는 것이 아니라 극도로 텅 빈 공간과 온갖 종류의 위협적인 물체가 순식간에 생명을 소멸시킬 수 있는 차갑고 외롭고 위험한 곳으로 볼 수 있게 해 주는 것이다. 이것은 모든 인간의 가치와 중요성을 이해할 수 있게 해 준다. 짜증나는 형제나 나를 괴롭히는 사람들조차도.

☆彡 우주적 관점은 지구가 텅 빈 공간을 도는 창백한 푸른 점임을 보여 준다. 하지만 이 점은 소중한 점이며 현재로서는 우리가 가진 유일한 집이다. 우리의 귀하고 안락한 행성을 잘 보살피도록 북돋아 준다.

☆彡 우주적 관점은 별과 은하와 위성의 사진에서 아름다움을 찾게 해 주고 이들을 만든 중력과 우주의 법칙을 축복할 수 있게 해 준다.

☆彡 우주적 관점은 우리 주변 너머를 볼 수 있게 해 주며, 생명은 돈과 인기와 옷과 스포츠와 심지어 시험 점수보다도 더 중요한 것이라는 사실을 깨닫게 해 준다.

☆彡 우주적 관점은 우주 탐사가 위대한 성취를 위해 국가끼리 서로 경쟁해야 하는 일이 아니라 모든 국가가 함께 참여해 지식과 경험을 찾아가는 모험이

라는 사실을 일깨워 준다.

☆彡 우주적 관점은 모든 형태의 생명체가 드물고, 지구에 있는 모든 생명체가 과거에 생각했던 것보다 우리와 더 많은 공통점이 있다는 사실뿐만 아니라 우리가 우주에서 아직 발견되지 않은 생명체와도 공통점을 가지고 있을 수도 있다는 사실도 알려 준다.

☆彡 우주적 관점은 우리 몸을 이루고 있는 바로 그 원자와 입자가 우주에 똑같이 퍼져 있으므로 우리는 모두 하나이며 똑같다는 것을 보여 준다.

매일은 아니더라도 일주일에 한 번쯤은 잠시 하던 일을 멈추고 어떤 우주의 진실이 아직 발견되지 않고 우리 앞에 놓여 있는지 생각해 보기 바란다. 이 의문들은 현명한 사상가나 천재적인 실험가, 창의적인 우주 프로그램을 기다리고 있다. 우리는 더 나아가서 이런 발견이 언젠가 지구의 생명체에도 변화를 일으킬 수 있지 않을까 생각해 볼 수도 있다.

우리가 지구에 잠시 머무는 동안 우리는 자신과 후손에게 탐험의 기회를 주어야 할 의무가 있다. 한 가지 이유는 화성에 우주인을 보내고 유로파와 그 너머로 로봇을 보내는 그것 자체가 재미있기 때문이다. 하지만 훨씬 더 숭고한 이유가 있다. 우주에 대한 우리의 지식이 확장되기를 멈춘다면 우리는 우주가 우리를 중심으로 돈다는 유치한 관점으로 되돌아갈 위험이 있다. 숫자 5 모양 생일 촛불이 세상에 하나밖에 없다고 생각하는 것이다. 그러면 지식과 진실에 대한 인류의 탐험은 종말을 맞이하게 된다. 그래서 나는 여러분께 이런 일이 일어나지 않도록 확실하게 해 주기를 부탁드리는 것이다. 우리 인류의 미래는 우주적 관점을 두려워하지 않고 끌어안을 수 있는 능력에 달려 있다.

용어 사전

강한 핵력: 우주의 네 가지 기본 힘 중 하나로 원자핵 안에서 양성자와 중성자를 붙잡고 있다. 네 가지 힘 중 가장 강하지만 아주 짧은 거리에서만 작동한다.

광년: 천문학자는 엄청나게 먼 거리를 다루기 때문에 킬로미터 단위는 적합하지 않다. 그래서 1초에 30만 킬로미터를 이동하는 빛이 천체에서 출발해 망원경에 도착하는 데 몇 년이 걸리는지를 측정한 광년이라는 단위를 사용한다.

광자: 파동처럼 뭉쳐져 있는 빛 에너지다.

렙톤(경입자): 우주에 처음으로 등장한 두 종류의 입자 중 하나. 렙톤은 모임을 만들기를 좋아하지 않고 혼자 다닌다. 가장 잘 알려진 렙톤은 전자다.

물질: 여분과 여러분 주위를 포함해 우주를 채우고 있는 모든 것을 물질이라고 한다. 모든 것을 구성하는 쿼크와 렙톤도 포함된다.

반물질: 물질은 양성자, 전자를 비롯한 기본 입자와 같이 우주를 구성하는 모든 물질이다. 이 모든 입자는 성질이 반대인 반입자 쌍둥이도 가지고 있다. 하지만 반입자는 오래 살아남지 못한다. 양성자가 자신의 반입자인 반양성자와 만나면 서로를 파괴해 에너지를 방출한다.

빅뱅: 은하와 별과 행성과 생명체를 이루는 모든 물질과 에너지가 상상할 수 없을 정도로 작은 공간에 모여 있던 우주 탄생의 순간이다.

소행성: 태양의 주위를 도는 암석으로 크기는 작은 자갈 크기부터 미행성, 즉 지름 약 1,000킬로미터의 세레스와 같은 작은 행성 규모까지 된다. 수백만 개의 우주 암석이 화성과 목성 사이의 주소행성대에 모여 있다. 소행성 하나가 공룡들을 쓸어버렸다.

암흑 물질: 천문학자들은 멀리 있는 은하와 은하단을 연구해 눈에 보이지 않는 알 수 없는 형태의 물질이 별을 붙잡고 있는 것처럼 보인다는 사실을 알아냈다. 우리가 볼 수 없기 때문에 과학자들은 이것을 암흑 물질이라고 부른다. 이것이 무엇인지 알아낸다면 나에게 알려 주기 바란다.

암흑 에너지: 우주는 우리가 아는 중력과 우주에 있는 물질의 양으로 판단한 것보다 점점 더 빠르게 팽창하고 있는 것으로 보인다. 미지의 힘이 팽창을 가속시키고 있는 것으로 보인다. 과학자들은 여기에 암흑 에너지라는 이름을 붙였다.

약한 핵력: 원자가 부서져 물질의 일부를 에너지로 바꾸는 과정인 방사성 붕괴를 조절하는 기본 힘이다. 다른 세 힘은 크고 작은 형태의 물질을 붙잡는데, 약한 핵력은 천천히 떼어 놓는다.

양성자: 원자의 중심에 있고 양전하를 가지며 쿼크로 이루어져 있다. 우주가 탄생한 지 약 1초 후에 나타났다. 우주에서 가장 단순하고 가장 흔한 원소인 수소는 원자핵에 하나의 양성자만 가진다. 무거운 원소인 철은 26개의 양성자를 가지고 있다.

외계 행성: 태양이 아닌 별의 주위를 도는 행성을 외계 행성이라고 한다. 가장 가까운 것은 4광년, 즉 빛이 4년 동안 가야 하는 거리에 있다. 과학자들은 최근에 이런 멀리 있는 세계를 수천 개 발견했다. 그중 생명체가 있는 곳이 있을까? 우리가 알아낼 수 있기를 희망한다.

우주 배경 복사: 우주 초기에 남겨진 빛은 지금도 우리 주변에서 우주를 가로질러 빛나고 있다. 하지만 우주는 빅뱅 이후 계속 팽창을 하고 있기 때문에 이 빛은 늘어나 파장이 길어져서 눈에 보이지 않는 마이크로파로 바뀌었다. 우리는 마이크로파를 눈으로는 볼 수 없지만 망원경으로는 관측할 수 있고, 그 결과는 과학자에게 우주 초기에 무슨 일이 일어났는지에 대한 단서를 제공해 준다.

우주선: 엄청난 에너지가 작은 입자들의 덩어리에 잡힌 형태로 우주를 가로질러 나아가는 고에너지 광선이다. 우주선은 사람에게 해로울 수 있지만 대기가 안전한 방패 역할을 해 준다.

원소: 원자는 원자핵에 들어 있는 양성자의 수에 따라 다양한 형태가 된다. 화

학 원소 주기율표에 있는 118개의 원소는 우주에 있다고 알려진 모든 형태의 원소를 보여 준다.

원자: 여러분이 보고, 만지고, 냄새 맡는 모든 것은 원자로 이루어져 있다. 원자의 중심에는 양전하를 가지는 양성자가 적어도 하나는 있는 원자핵이 있고, 적어도 하나의 전자가 그 주위를 돌고 있다. 우주에서 가장 단순하면서 가장 많은 원소인 수소를 제외하고는 모든 원자는 원자핵에 중성자도 가지고 있다.

원자핵: 원자의 중심으로, 수소는 양성자로, 그 외는 양성자와 중성자로 이루어져 있다.

웜홀: 아인슈타인의 중력 연구와 중력이 시간과 공간을 휘어지게 한다는 발견에서 나온 이상한 결과 중 하나는 우주가 구부러져서 한 장소에서 다른 장소로 갈 수 있는 지름길이 만들어질 수 있다는 것이다. 웜홀이라고 알려진 이 터널을 발견한 사람은 아무도 없지만 아인슈타인 자신을 비롯한 많은 뛰어난 과학자가 이 개념에 대해서 심각하게 연구를 했다. 웜홀은 SF 작가들이 가장 좋아하는 도구이기도 하다.

은하: 별, 기체, 먼지, 암흑 물질이 중력으로 묶여 있는 집단이다.

은하 사이 공간: 은하들 사이에 뻗어 있는 어둠의 공간으로, 처음에는 텅 비어 있는 줄 알았지만 달아나는 별이나 극히 뜨거운 기체와 같이 이상한 현상이 일어나고 있다. 4장 '은하들 사이'를 참고하라.

전자: 음전하를 가진 입자다. 우리가 아는 한 전자는 더 작은 조각으로 부술 수

없고, 그래서 이것을 기본 입자라고 부른다.

전자기력: 우주의 네 가지 기본 힘 중 하나로, 분자를 서로 묶어 주고 전자를 양전하를 가지는 원자핵을 중심으로 돌게 만든다.

중력: 우주의 네 가지 기본 힘 중 하나로, 여러분을 땅에 붙어 있게 만드는 일만 하지는 않는다. 아인슈타인 덕분에 우리는 중력이 사실은 직선이 곡선이 되도록 우주를 구부러뜨린다는 사실을 알게 되었다.

중성자: 원자의 중심에 있는 원자핵에 있는 것으로, 쿼크로 이루어져 있지만 전하는 가지고 있지 않다. 우주에 있는 가장 특이한 천체 중 하나인 중성자별은 이 입자들이 뭉쳐져 있는 것이다.

코스모스: 광활하고 멋지고 미스터리한 우리 우주(universe)의 다른 이름이다. 우주에 대한 텔레비전 다큐멘터리 시리즈 이름이기도 하다.

쿼크: 이 기본 입자 ― 더 작은 조각으로 부술 수 없는 입자 ― 는 여섯 종류의 형태를 가지고 렙톤과 함께 우주 초기에 가장 먼저 나타난 물질 형태 중 하나다. 쿼크가 없다면 양성자, 중성자, 원자 등 어떤 것도 존재할 수 없다.

펄서: 회전할 때 우주의 등대처럼 빛을 방출하는 중성자별이다.

혜성: 아마추어와 프로 천문학자들이 가장 좋아하는 태양계의 여행자로 얼음과 먼지로 이루어져 있다. 이 얼음은 아주 훌륭한 역할을 한다. 혜성이 태양 근처로 가면 녹아서 눈에 보이는 멋진 기체와 먼지 꼬리를 만들기 때문이다.

옮긴이 후기

우주는 138억 년 전 빅뱅으로 태어나 지금까지 팽창을 계속하고 있다. 빅뱅 직후 뜨거운 우주에서 수소와 헬륨이 만들어졌고, 그 외의 대부분 원소는 별이 태어나고, 진화하고, 죽어 가는 과정에서 만들어졌다. 지구를 구성하고 있는 모든 원자는 50억 년도 더 전에 우주에서 만들어진 것이다. '우리는 별 먼지로 만들어진 생명체'라는 말은 문학적인 수사가 아니라 과학적인 사실이다.

우리가 이런 사실을 알게 된 것은 우주 어디에서나 같은 법칙이 적용된다고 믿고 있기 때문이다. 지구를 이루고 있는 물질이 우주를 이루고 있는 물질과 같고, 지구에서의 물리 법칙이 과거에도 현재에도 미래에도 우주 어디에서나 똑같이 적용된다고 믿기 때문이다.

이런 믿음에 기반해 과학자들은 우주를 탐구하고 있고, 우리의 믿음이 옳다는 증거를 끊임없이 발견하고 있다. 밤하늘의 별들은 태양과 같은 원리로 빛나고 있고, 그 별 역시 태양처럼 자신의 주위를 도는 행성들을 가지고 있다. 그 행성들 역시 지구를 비롯한 태양계 행성들과 같은 물질로 만들어진 것이다.

우주에 대한 이런 지식은 우리가 우주의 중심이 아닐 뿐만 아니라 그렇게 특별한 존재도 아니라는 사실을 일깨워 준다. 하지만 우리의 시야는 지구가 우주의 중심이라고 믿을 때보다 훨씬 더 넓어졌다. 우리가 알고 있는 세상이 아무리 크다 하더라도 우주는 그보다 훨씬 더 크다. 이런 깨달음은 우리를 힘 빠지게 하는 것이 아니라 오히려 더 자유롭게 만들어 준다.

이 넓은 우주에서 우리는 전혀 특별하지 않고, 우리가 살고 있는 세계와 같은 세계가 우주에 얼마든지 있을 수 있으며, 우주에는 우리가 아직 모르는 것이 훨씬 더 많다는 사실은 우리의 상상력을 더 크게 키워 준다. 우주 어디에서나 똑같이 적용되는 보편 법칙에 기반한 상상력이 어디까지 뻗어갈 수 있는지 이 책이 잘 보여 준다.

2021년
이강환

찾아보기

가

가모브, 조지(Gamow, George) 17, 47

감마선 46, 109, 114~115

강한 핵력 14, 19, 143

골디락스 지역 23, 122

공룡 16, 25, 92, 144

과학 법칙 29

과학자 6~7, 14, 17, 21, 26, 29~30, 32,
  35~36, 43~45, 47~48, 54, 57, 60,
  71~74, 76~78, 80~82, 84, 88~89, 90,
  92, 94, 104, 107, 109~111, 113~114,
  122~123, 130~134, 139~140, 144~146,
  149

광년 19, 34, 39, 41, 129~130, 141, 143,
  145

광자 16, 21, 41~42, 45~46, 48, 92, 143

광합성 133

구 95~101, 103~105

국제 우주 정거장 126

궁수자리 왜소 은하 55

규소 90, 133

기본 힘 14, 19, 143, 145, 147

기체 구름 23, 60, 66, 72, 103, 113, 115

까마귀자리 39~40, 42

나

NASA 53, 114, 118, 130

나선 은하 10, 52, 66~67, 69

넵투늄 94

노벨상 47~48, 69, 82, 132

눈에 보이지 않는 빛 42~44, 54, 107, 109~110, 145

뉴턴, 아이작(Newton, Issac) 29~32, 63, 70, 78, 108

다

다윈, 찰스(Darwin, Charles) 82

다중 우주 26, 73, 140

달 6, 30~31, 35~36, 51, 66, 118~120, 126~127, 136, 139

달아나는 별 55~57, 61, 146

대기 25, 113, 117~118, 133, 136, 145

두 종류의 입자 15, 19, 143

디키, 로버트(Dicke, Robert) 45, 47~48

라

레비, 데이비드(Levy, David) 123~124

렙톤 15~18, 143~144, 147

로이 G. 비브(Roy G. Biv) 108

루빈, 베라(Rubin, Vera) 47, 66~69, 72

리튬 89

마

마이크로파 44, 46, 48, 54, 109, 112~115, 131, 145

만리장성 126

망원경 6, 22, 33~34, 42, 48, 50, 53~54, 57~58, 60, 64, 66, 69, 89~91, 97, 104, 106~107, 109~115, 121, 126, 128, 130~131, 143, 145

머리털자리 은하단 64~65, 104

메테인 121, 133~134

멸종 25, 92

명왕성 93

목성 5, 93, 119, 121~123, 144

물 25, 58, 78, 88, 96~97, 121~123, 128, 139

물리 법칙 28~30, 34~37, 97, 115, 149

물리 법칙의 보편성 28~30, 34, 36~37

물질 6, 13~14, 16, 18~19, 21~23, 25, 35, 37, 39, 44, 47, 49, 52, 58~60, 63~64, 66~71, 73~74, 79, 82~83, 87~88, 94, 97, 101~102, 115, 144~145, 147, 149~150

미생물 139

바

바다뱀자리 40

반물질 17, 19, 47, 144

방귀 133

100만 도 기체 58

버비지, 마거릿(Burbidge, Margaret) 71~72

벨 전화 연구소 43

벨, 조셀린(Bell, Jocelyn) 132

벨라(펄서) 103

벨라 위성 114

별 4~7, 10, 12, 14, 19~20, 22~23, 27, 29~30, 32, 34~35, 38~41, 50~52, 54~59, 61, 63~64, 66~67, 69~73, 79~81, 87~92, 94, 99, 101~103, 105~107, 113, 115, 120, 122, 126, 128~130, 132~133, 135~138, 140~141, 144~147, 149~150

보이저 1호 118, 126~128

보이저 2호 118

분자 18~19, 25, 48, 70, 72, 88, 90, 128, 133, 147

불꽃놀이 은하 10

브라헤, 튀코(Brahe, Tycho) 50, 106~107, 115

블랙홀 6, 35, 64, 69, 78, 115

비둘기 똥 44~46

빅뱅 13~14, 18, 27, 45, 71, 88~89, 115, 144~145, 149

「빛나는 밝은 별」 38~39

빛 에너지 43, 143

빛의 속도 35~36, 53, 128

사

사이안화 분자 48

산맥 99, 101, 113, 126

산소 25, 30, 88, 90~91, 133~134, 139

산타클로스 96

산화타이타늄 91

상수 35~36, 79~82, 84

생명을 주는 원소들 90

생물 지표 133~134

세균 25, 138

세륨 93

세이건, 칼(Sagan, Carl) 126

센타우루스자리 알파별 128~130

센타우루스자리 프록시마 128~129

소듐 88

소련 114

소행성 23, 25, 30, 92~93, 119, 123~124, 136, 139, 144

수성 118

수소 23, 30, 32, 72, 87~89, 91, 133, 139, 145~146, 149

수은 93

수증기 58, 113~114

슈메이커, 캐럴린(Shoemaker, Carolyn) 124

슈퍼맨 38~42, 76, 110

슈퍼 히어로 38, 115

스펙트럼 46, 109, 114~115

스피카 40

「스타워즈」 29

「스타 트렉」 17

신화 90, 93, 123

쌍성 32, 101~102

아

아이언맨 93

아인슈타인, 알버트(Einstein, Albert) 41, 63, 70, 77~82, 84, 138, 146~147

『아인슈타인의 이론을 부정하는 100명의 저자』 79

아폴로 호 35

안데스 산맥 112~113

안테나 43~44, 47, 110, 113

알루미늄 90~91

ALMA 113~114

암흑 물질 7, 63, 65~75, 83, 104, 116, 144, 146

암흑 에너지 7, 76, 82~84, 144

약한 핵력 14, 19, 145

양성자 18~21, 23, 46, 53, 69, 87, 89, 91, 102~103, 143~147

양전자 17, 19

양전하 19~21, 103, 145~146

어두운 푸른 은하들 59

「어벤져스」 114

에너지 보존 법칙 45

에베레스트 산 92, 101

AT&T 43

엑스선 46, 54, 109, 115

엔터프라이즈 호 17

MK 1 111~112

염소 88

염화소듐 88

오르트 구름 120~121

온도 17~22, 46, 48~49, 58, 87, 107~108, 128, 139

올림푸스 산 101

왜소 은하 54~56, 59

외계 생명체 26, 28, 36, 90, 121

외계인 38, 40~41, 47, 112, 117, 125, 128, 130~134, 138

외계 행성 72, 128~130, 134, 145

우라늄 93~94

우라니보르그 캠프 114

우리 은하 5, 22, 30, 48, 52~55, 68, 73, 80, 106, 110, 132, 134, 137, 140

「우주로의 패스포트」 137

우주 배경 복사 46~49, 115, 145

우주 상수 79~82, 84

우주 생물학자 90

우주 암석 25, 64, 92, 118~119, 144

우주 정거장 98, 126

우주선(cosmic ray) 53, 145

우주적 관점 135~136, 138, 140~142

원소 22~23, 30, 86~94, 133, 138~139, 145~146, 149

원심력 96

원자 17~20, 23, 27, 35, 41, 46, 53, 73~74, 86~89, 91~92, 94, 102~103, 142, 145~147, 149

원자 폭탄 94

원자핵 20, 23, 48, 87, 143, 145~147

월리스, 앨프리드 러셀(Wallace, Alfred Russel) 82

월석 119

웜홀 40~41, 146

위성 15, 114, 117, 121~123, 131, 134, 141

윌슨, 로버트(Wilson Robert) 42~45, 47~48

유로파 121~123, 142

유성 5, 117~118

유성체 117

은하 4~5, 10, 12~14, 22~23, 27, 29~31, 34, 39, 47~61, 64~71, 73, 79~80, 89~90, 97, 104, 106, 110, 115, 132, 134~138, 140~141, 144, 146

은하 사이 공간 52~54, 61, 83, 146

은하단 55, 59, 64~66, 70~71, 104, 144

은하수 5, 12, 52

음전하 18~21, 103, 147

이론 48, 74, 76~80, 82, 84, 89, 92, 140

이리듐 92

이오 121, 123

일반 상대성 이론 78~79, 81~82, 84

13123 타이슨 124

잃어버린 질량 64, 66, 68

입자 가속기 73

자

자외선 46, 109, 115

잔해 23, 25, 55, 88~89, 118, 123~124

『잘 자요, 달님』 6

잰스키, 칼(Jansky, Karl G.) 110~111

적색 거성 101~102

적외선 46, 109~110, 115, 130

전자 16~48, 87, 102~103, 143~144, 146~147

전자기력 14, 19, 147

전파 43, 46, 54, 103, 109~112, 114~115, 131~132

전파 망원경 110~111, 115, 131

전하 17~21, 103, 117, 145~147

조드럴 뱅크 천문대 111

주기율표 30, 86~88, 93~94, 146

중력 14~15, 19, 21, 23, 29~32, 35, 41, 56, 60, 63~73, 78~80, 82, 96, 98~99, 101, 103, 123, 136, 141, 144, 146~147

중력 상수 35

중성미자 73~74

중성자 18~21, 23, 69, 87, 91, 102~103, 132, 143, 146~147

중성자별 102~103, 147

지구 13~15, 23~25, 29~31, 34, 38~42, 44, 64, 70, 73, 78~79, 86, 90, 92~93, 95~97, 99~101, 103, 107, 110~111, 113, 117~120, 122~128, 130~131, 133~134, 136~142, 149~150

진공 압력 83~84

진공 에너지 59~61

질소 30, 133

차

처녀자리 40

천문학자 4~7, 10, 14, 17, 26, 30, 32~34, 42, 48, 51, 57, 60, 64~66, 75, 80~81, 84, 88, 90~91, 93, 106~107, 109, 113~114, 115~116, 121~122, 126, 139, 143~144, 147

천왕성 93~94, 107, 123

철 22, 30, 91~92, 145

초신성 39, 42, 57, 80~82, 106~107, 109

츠비키, 프리츠(Zwicky, Fritz) 64~66, 72

카

카네기 연구소 66

케플러 망원경 130~131

켈빈 17~18, 21

코스모스 147

쿼크 15~19, 144~145, 147

퀘이사 60, 62

크립톤 38~39, 41

타

타원체 97

타이타늄 90~91

타이탄 91, 121, 134

탄소 30, 32, 90~91, 133, 139

탐사선 54, 117, 121~122

태양 6, 14, 18~21, 23~24, 30, 58, 71~74, 79, 88, 92~93, 110, 117, 122, 126,

128~131, 140, 144~145, 147, 149~150

태양계 13, 18, 23, 31, 51, 72, 92, 94, 101, 117, 119, 121~123, 130, 137, 139, 147, 150

토륨 93

토성 5, 51, 93, 95~97, 121, 123, 134

파

파장 43, 46, 109~110, 114~115, 131, 145

팔라듐 93

FAST 111~112, 131

펄서 103~104, 132~133, 147

펜지어스, 아노(Penzias, Arno) 42~45, 47~48

폭발하며 달아나는 별 57

표면 장력 97~99

프리즘 108

프린스턴 대학교 45, 47, 69

플랑크 시기 14

플랑크, 막스(Planck, Max) 14

플루토늄 93~94

하

해왕성 94, 126~127

핼리 혜성 119~120

행성 6, 14~15, 18, 20, 23~25, 28~30, 33, 38~39, 41, 50~51, 58, 63, 69~73, 79, 90~93, 95~96, 99, 117, 121~125, 128~131, 133~134, 136, 139~141,

144~145, 150

햐쿠타케 혜성 121

허블, 에드윈(Hubble, Edwin P.) 80~81

허셜, 윌리엄(Herschel, William) 107~109,
123

헐크 114~115

헤이든 천체 투영관 42, 110, 137

헤일-밥 혜성 121

헬륨 23, 30, 89, 91, 149

혐기성 세균 25

혜성 23, 25, 30, 69~70, 119~121, 136, 147

화성 15, 29, 33~35, 38, 41, 93, 101,
118~119, 123, 126, 134, 139, 142, 144

회전 66~67, 95~97, 102~103, 110~111,
128, 132, 147

휠러, 존 아치볼드(Wheeler, John Archibald)
79

휴이시, 앤터니(Hewish, Antony) 132~133

히말라야 99

그림 저작권

4 NASA (http://www.nasa.gov)/ESA (http://www.esa.int), The Hubble Key Project Team and the High-Z Supernova Search Team / 10 NASA (http://www.nasa.gov/), ESA (http://www.spacetelescope.org/), STScI (http://www.stsci.edu/), R. Gendler, and the Subaru Telescope (NAOJ) / 12 ESO/B. Trafreshi/twanight.org (http://www.twanight.org/tafreshi)/ 22 NASA/JPL-Caltech / 24 R. Stockli, A. Nelson, F. Hasler/NASA/GSFC/NOAA/USGS / 31 NASA/JPL-Caltech / 32 NASA/C. Reed / 33 NASA, ESA, Hubble Heritage Team (STScI/AURA), J. Bell (ASU), and M. Wolff (Space Science Institute) / 39 NASA, ESA, and the Hubble Heritage (STScI/AURA)-ESA/Hubble Collaboration / 40 NASA, ESA, Z. Levay (STScI), and A. Fujii / 43 NASA / 51 NASA/JPL-Caltech/Space Science Institute / 52-53 ESO/M. Claro / 55 ESA/Hubble & NASA / 56 NASA/JPL-Caltech / 57 Judy Schmidt, ESA/Hubble & NASA / 62 NASA/ESA/G. Bacon, STScI / 65 NASA, ESA, and the Hubble Heritage Team (STScI/AURA) / 67 NASA, ESA, CXC, SSC, and STScI / 68 NASA/CXC/E. O'Sullivan et al. / 74 CERN / 81 X-ray: NASA/CXC/SAO/PSU/D, Burrows et al.; Optical: NASA/STScI; Millimeter: NRAO/AUI/NSF / 87 MicrovOne/iStock/Getty Images / 96 NASA/JPL-Caltech/Space Science Institute / 98-99 Simon Steinberger/Pixabay / 100 NASA/GSFC/Arizona State University/Lunar Reconnaisance Orbiter / 102 NASA/Dana Berry / 103 X-ray: NASA/CXC/Univ of Toronto/M. Durant et al.; Optical: DSS/Davide De Martin / 111 Image courtesy of NRAO/AUI / 112 Ian Morison, University of Manchester / 113 P. Horálek (http://facebook.com/PetrHoralekPhotography)/ESO / 118 NASA/JPL-Caltech / 120 ESA / 127 NASA/JPL / 129 Digitized Sky Survey 2/Davide De Martin/Mahdi Zamani/ESO / 131 NASA

옮긴이 **이강환**

서울대학교 천문학과를 졸업한 뒤 동 대학원에서 천문학 박사 학위를 받았다. 영국 켄트 대학교에서 로열 소사이어티 펠로우로 연구를 수행했다. 국립과천과학관 천문우주전시팀장, 서대문자연사박물관 관장을 역임했고, 현재 과학기술정보통신부 장관정책보좌관으로 재직 중이다. 지은 책으로 『빅뱅의 메아리』, 『우주의 끝을 찾아서』, 『응답하라 외계생명체』가 있고, 옮긴 책으로 「신기한 스쿨버스」 시리즈, 『우리는 모두 외계인이다』, 『우리 안의 우주』 등이 있다.

기발한 천체 물리

1판 1쇄 찍음 2021년 3월 15일
1판 1쇄 펴냄 2021년 3월 31일

지은이 닐 디그래스 타이슨, 그레고리 몬
옮긴이 이강환
펴낸이 박상준
펴낸곳 ㈜사이언스북스

출판등록 1997. 3. 24 (제16-1444호)
(06027) 서울시 강남구 도산대로1길 62
대표전화 515-2000, 팩시밀리 515-2007
편집부 517-4263, 팩시밀리 514-2329
www.sciencebooks.co.kr

ISBN 979-11-91187-13-7 03440